広島の山野草

— Portraits of the Wild Flowers from HIROSHIMA prefecture —

春編

監修・解説／浜田展也　武内一恵　写真／小池周司

南々社

もくじ ―― 広島の山野草・春編

【本書をお読みになる前に】

●植物名・科名・属名
植物の名は標準和名を使い、カタカナ表記のあとに、理解しやすいよう漢字も記した。また、別名があれば併せて示した。最後に学名を記載した。科名・属名は新エングラー分類体系を採用し、括弧内にマバリー分類体系を元にした大場秀章編著の植物分類表（Aboc社、2010）による新分類を併記した。

●撮影場所
撮影年月日にかかわらず、現在の自治体名を使用。

●分布
最初に、中国地方各県での有無を太字で表した。5県とも見られる場合は、中国地方全域とした。次に、原則的には中国地方を除く国内分布を記す。最後に、外国での分布も示し、利用の便宜を図った。

広島の野の花を楽しむ

春編は334種収録

■シリーズ3巻で1000種収録

県内において野生で見られる草花と小低木は、カヤツリグサ科とイネ科を除いて可能な限り本書に収めた。春編だけで334種。春・夏・秋の3巻を合わせると1000種類に達する。普通に見られる草花は、ごく一部を除きほとんど同定できるものと思う。

基本的に、一つの種について一枚の写真を掲載した。その植物が一目でわかるよう、原則として花をつけた状態で全体を撮影している。なお、その植物の基本的な特徴をつかむため、あえて全体を載せていないものもある。

写真にすると植物の大小が分からなくなるので、花と全体の大きさを解説に入れた。

■それぞれの花に、中国5県の分布も記載

特定の地域に偏らぬように県内各地に赴き撮影したが、中国山地や、帝釈峡のある庄原市内にしかないものが数多くあり、県北での撮影割合が多くなった。

また広島県内だけでなく、**現在、地域版のない中国5県全体で使えるよう、各県の研究者の協力を得て分布を掲載した。各県の自生状況が分かるので5県の比較ができるうえ、同定にも使える。各県独自の草花は5％内外以下なので広く活用していただけると思う。**

なお、植物のつながりを考えるため、日本国内のみならず海外の分布も併記した。

■類似種を可能な限り収録

県内に生育する類似種は可能な限り収録したが、これまでの分類から外れるもの（未確定、新種と思われるもの）などは、混乱の元になるので掲載しなかった。

特に誤認しやすいタツナミソウ属、ネコノメソウ属、スミレ科、キケマン属、テンナンショウ属、カラマツソウ属、フウロソウ属、ミズタマソウ属、

ママコナ属などはほぼ収録した。これまで類似種の見極めに悩んでいた皆さんに活用してほしい。

分かりやすい解説を心がけたが、必要と思われる専門用語は適宜、使用した。植物用語の図解と解説（8～13ページ）を参照されたい。初心者から上級者まで幅広く手元に置いて、身近な“伴侶”として、長期間、慣れ親しんでいただきたい。

■新エングラー分類体系を主に、マバリー分類体系も併記

今まで日本で普及してきた**エングラーの分類体系を採用しているが、現在の植物分類学の水準を最もよく反映していると考えられるマバリーによる分類体系に準拠した大場の植物分類表（Aboc社）の体系も併記した。**

花の色は個体によって多彩かつ微妙で、光線状態や、人により色彩感覚も異なるので、科別配列とし、野の花を系統的に理解できるようにした。なお、似たものを比較し、違いを理解するため一部順序を変えたところもある。

■近年確認された新種も紹介

あまり知られていない種や最近見つかった新種など、県内の植物は魅力に富む。これらも漏れなく収録した点は強調しておきたい。

例えば、長い間現状不明であったが再度見出された種（ビンゴムグラ、イワアカザ、セトエゴマ、アキノハハコグサ、タカサゴソウ）や、近年県内で初めて見出された種（ミヤコミズ、シロバナハンショウヅル、ホザキキケマン、オオマルバコンロンソウ、イワネコノメソウ、ツルタチツボスミレ、エゾアオイスミレ、ヤマホオズキ、セトヤナギスブタ、シロシャクジョウ、ホソバノアマナ、アオテンマ、ササバラン、ハクウンラン）を掲載。

さらに**2000年以降に新種が発表されたものとして、タイシャクカラマツ（05年）、タイシャクトウヒレン（07年）、アキノハイルリソウ（09年）、ゲイホクアザミ（09年）などがあり、11年にはカラマツソウの新種が発表される予定**で、これらの新顔も本書でじっくり見てほしい。

すべて野生のものを掲載したかったが、次の3種のみは例外である。オグラセンノウは現在確実な自生地は見当たらなくなり、庄原実業高校がバイオテクノロジーによって増殖させ比和町に植栽したもの、エヒメアヤメの白花は保護のため自生地から移植されたものを、セトヤナギスブタは雑草として除草されたものを拙宅で栽培したものを撮影し掲載している。

■特定外来生物も掲載

特定外来生物について触れている図鑑が少ないので、この機会に採り上げた。いずれも繁殖力が強く、在来種にダメージを与える。希少種などはひとたまりもない。特定外来種に指定されていても、駆除するなど何らかの手を打たないと、日本の生態系が大きく乱される。

そうした警鐘を鳴らす意味も込めて、県内で確認されているそのほとんどを掲載した。

■春・夏・秋の季節分け

野外での観察に便利なように、**春・夏・秋編の3分冊とし、それぞれ1月〜5月、6月〜8月、8月中旬〜12月に見られる花を収録した。**移ろう季節のなかでは上手に併用していただきたい。なお、比較の利便性を考え、どちらかの季節にまとめたものもある。

■撮影日と場所

撮影データは撮影年月日と場所を記載した。観察の補足に利用してくだされればありがたい。一部自生地の保護が必要なものは、地名の特定を避けたのでご承知置きいただきたい。

＜撮影機材のデータ＞

Pentax—645、645NⅡ、35ミリ、33〜55ミリ、80〜160ミリ、120ミリマクロ、150〜300ミリ、300ミリ

ホソバノアマナ。2006年に広島県内（1か所）で確認された

アキノハイルリソウ。2009年に発表された新種

広島県の植物の特色

■豊かな植物相

広島県は1200m級の中国山地から、なだらかな階段状に瀬戸内海までほとんどを中山間地が占め、多くの谷が日本で一番密に平行に走る。リンゴ栽培が盛んで冷涼な北部積雪地帯から、柑橘類栽培が盛んで温暖少雨な瀬戸内の島々までのあいだに、古生代石炭紀から、中生代（ジュラ紀を除く）、新生代、現在に至るまでさまざまな地層や岩石類が分布する、多様な気候風土である（亜高山帯や亜熱帯は存在しないが）。

もともとの自然植生は標高に応じ、冷温帯落葉広葉樹林（ブナなど）、中間温帯林（シラカシなど）、暖温帯常緑広葉樹林（シイノキ、ウバメガシなど）だった。しかし、古くから山奥まで人手が入っていたため原生の植生はほとんど残っておらず、大部分がスギ、ヒノキなどの植林や伐採後の二次林からなる代償植生になっている。自然公園面積の割合は県土の約4.5%しかなく、全国47都道府県中最下位である。

このように人為的な影響を多大に受けながらも、多種多様な地質・地形と気候のもと植物相は豊かで、北方、南方および大陸に由来する種、氷河期の残存種、亜高山性植物、中国山地で固有種に分化したと考えられる種など学術的にも貴重な植物が数多い。国や県のレッドデータブック掲載種も337種にのぼり、全国で約5000種といわれる種子植物の半数以上の2625種が確認されている（2004年、広島県）。さらに近年、帰化植物などが加わり、これらが動的平衡を保ちつつ、常に変化しながら豊かな自然をつくっている。

■県の東西でも植物相が違う

広島県は南北119km、標高差約1350mに達し、その気候差により生育する植物は当然異なるが、わずか132ｋｍしかない東西での違いも非常に興味深い。西部にのみソハヤキ系といわれるオモゴウテンナンショウ、キレンゲショウマ、シコクスミレ、クロフネサイシンなどが生育し、西部で多く見られるサルメンエビネ、エイザンスミレ、ハバヤマボクチ、モリアザミ、ヒナノウスツボ、オオマルバノテンニンソウ、コガネネコノメソウなどは東部で少ない。

ヒガンマムシグサとタカハシテンナンショウも西と東ですみ分け、イブキスミレ、ヒゴスミレ、イブキトラノオ、ハンゴンソウ、セイタカトウヒレン、ヒメトラノオ、セトエゴマ、イワショウブなどはほとんどが東部でのみ見られる。もちろんハルトラノオ、ヤマホオズキ、マネキグサをはじめ東西で共通して生育している種類も数多い。

■里山に多くの希少種

より特徴的なのは、里山と呼ばれる雑木林、採草地、田んぼや道端など人々の生活のごく近くに、多くの絶滅危惧種が生育している点かもしれない。

例えばヒメヒゴタイ、ゴマノハグサ、ステゴビル、アオイカズラ、カザグルマ、キセワタ、イワアカザ、キビヒトリシズカ、ホソバママコナ、エヒメアヤメ、ヒナラン、シロテンマが道端に、ホソバナコバイモ、キキョウ、スズサイコ、オキナグサ、ヒゴタイ、バアソブは田のげしや畦に、サクラソウ、ヤチシャジン、サギソウ、トキソウが田んぼの周りに生育する。

水田にはスズメハコベ、マルバノサワトウガラシ、ミズオオバコ、スブタ類、トリゲモ類が雑草として繁茂している。ため池にはガガブタ、アサザ、マルバオモダカ、ミクリ類、タヌキモ類、コウホネ類、タチモがあり、休耕田にはタコノアシ、ミズトンボがある。セツブンソウ、イヌハギ、ナツエビネ、キンラン、エビネ、ヒメユリは、庭で遊ぶ子どもたちの声の届く所に咲いている。

だが、その多くはごく一部に細々と生き残っているだけで、わずかな環境の変化や心ない人の盗掘で姿を消していくものも多い。

また広島県の面積8479.3km^{2}の中に、スミレ34種、ネコノメソウ属11種、タツナミソウ属12種、キケマン属11種、テンナンショウ属10種など同属の中でも多くの種類が見られる。

■日本で最初に発見された植物

広島県で発見された新種は、1826年に福山市仙酔島でシーボルトが採取し、マキシモビッチが学名をつけたツメレンゲをはじめ、ベニオグラコウホネ、サイジョウコウホネ、ネコヤマヒゴタイ、ミヤジマママコナ、アオイカズラなどで、最近5年でも「広島の野の花を楽しむ」（3～5ページ）で触れた4種があり、2011年も新たな種類が追加される予定で、ほかにも何種類かの新種と思われるものが見出されている。

一県でこれほど多種多様な野の花が見られる所は少ないのではないだろうか。いつも歩く散歩道にも注意して見ればいろいろな花が咲いている。見慣れた花でも足を止めじっくり見れば今までと違う顔を見せてくれるかもしれない。

ただお願いしたいのは、「撮っても採らない」「撮る時も慈しみを忘れない」。撮ることで自然に悪影響を与えることもあることを考えてほしい。さあ、春の光の中へ出かけてみませんか。

主な植物用語の図解

●花の構造

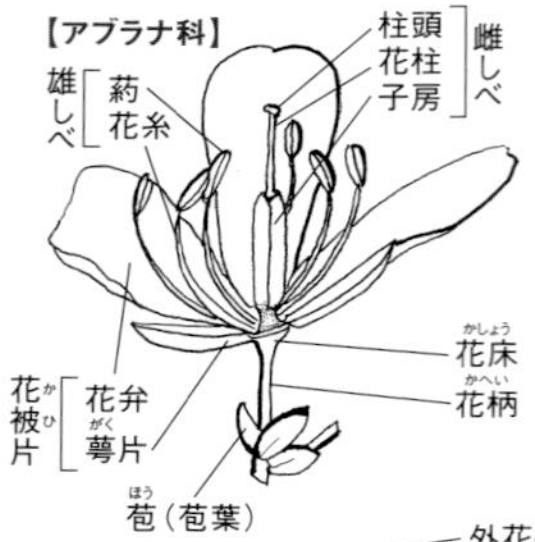
【アブラナ科】
柱頭
花柱
子房
雌しべ
雄しべ
葯
花糸
花床
花柄
花被
花弁
萼片
苞（苞葉）

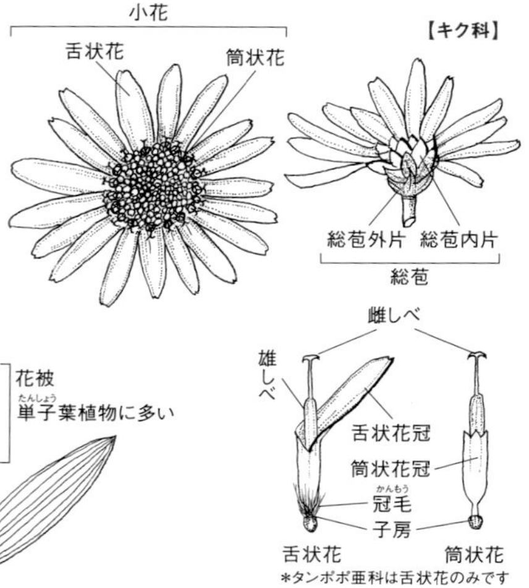
小花
舌状花
筒状花
【キク科】
総苞外片
総苞内片
総苞
雌しべ
雄しべ
舌状花冠
筒状花冠
冠毛
子房
舌状花
筒状花
*タンポポ亜科は舌状花のみです

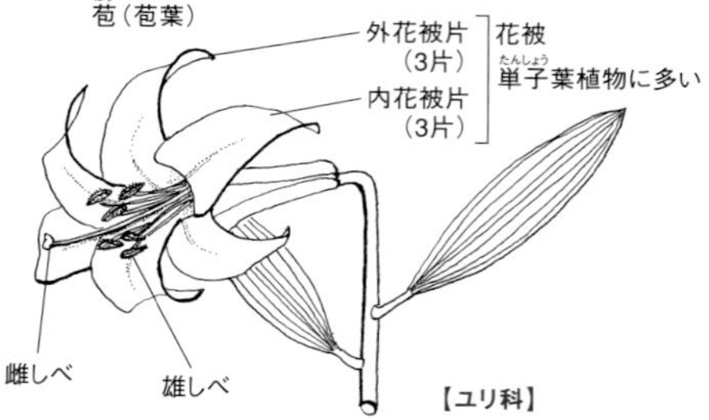
外花被片
（3片）
内花被片
（3片）
花被
単子葉植物に多い
雌しべ
雄しべ
【ユリ科】

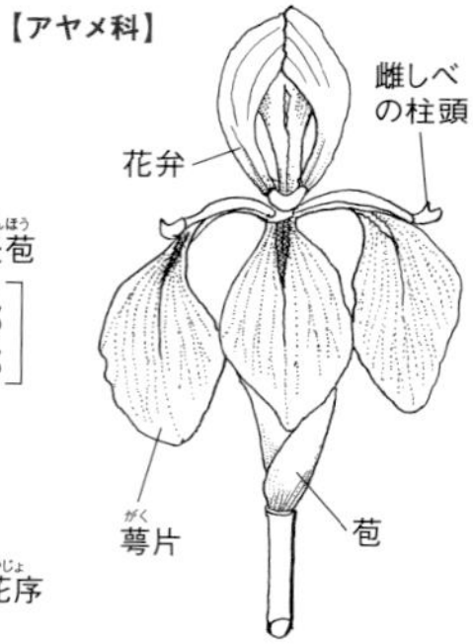
【アヤメ科】
雌しべ
の柱頭
花弁
萼片
苞

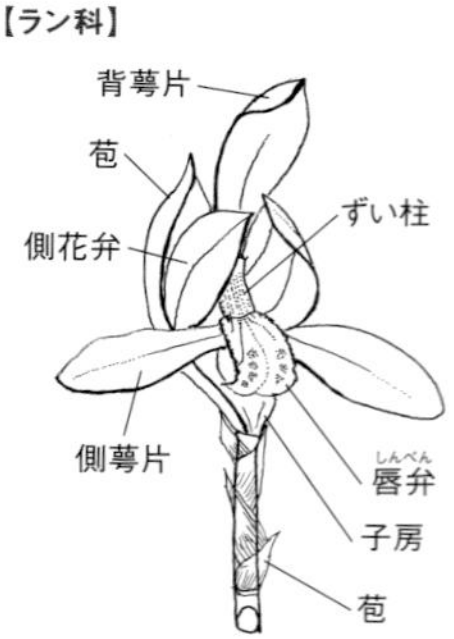
【ラン科】
背萼片
苞
側花弁
ずい柱
側萼片
唇弁
子房
苞

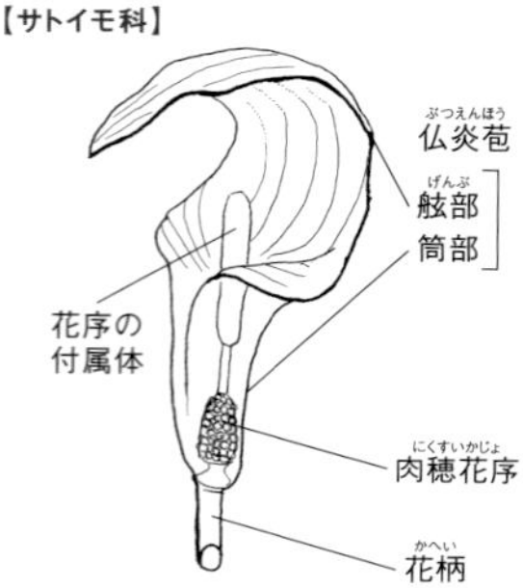
【サトイモ科】
仏炎苞
舷部
筒部
花序の
付属体
肉穂花序
花柄

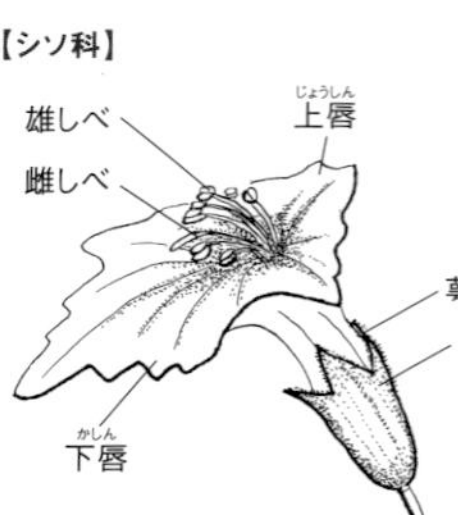
【シソ科】
雄しべ
上唇
雌しべ
下唇

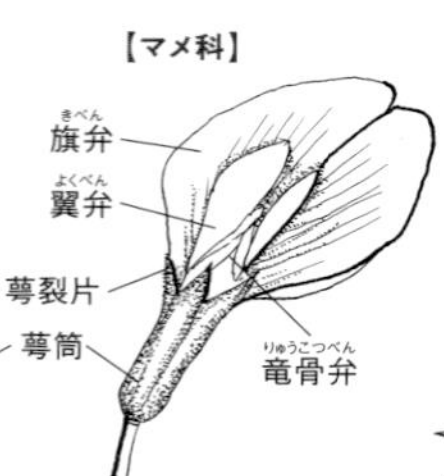
【マメ科】
旗弁
翼弁
萼裂片
萼筒
竜骨弁

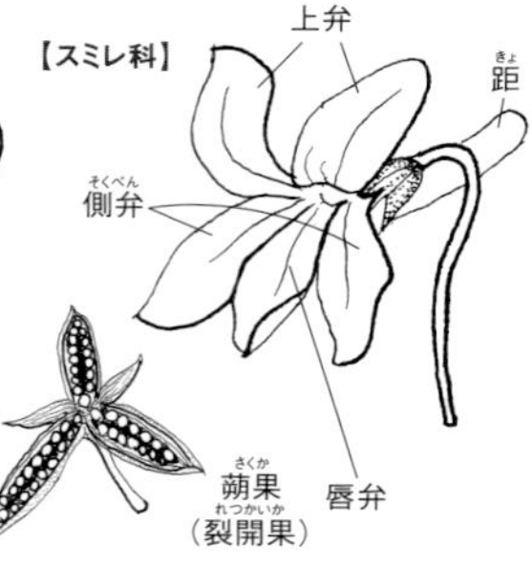
【スミレ科】
上弁
距
側弁
蒴果
（裂開果）
唇弁

●花序の形

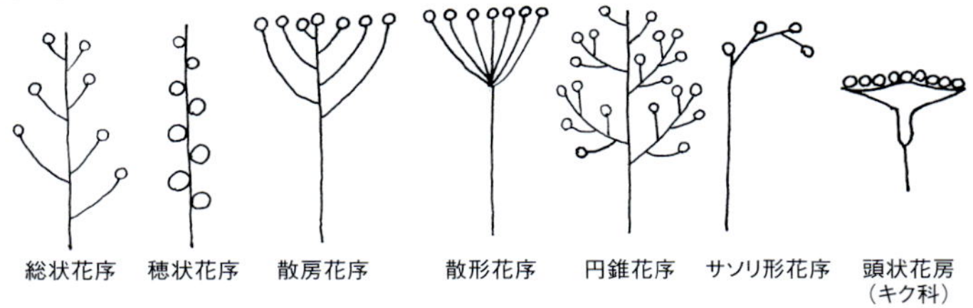

●葉のつくり

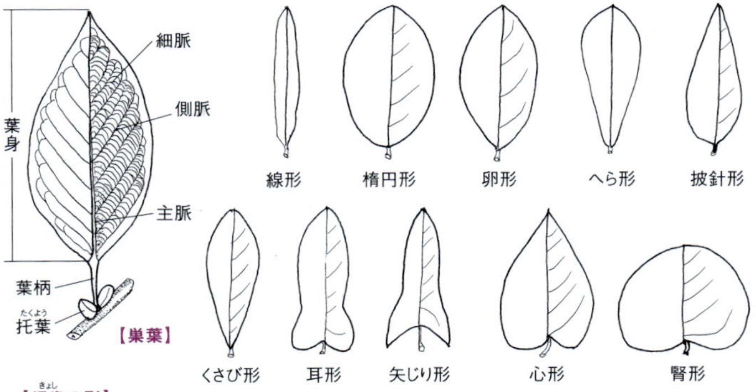

【鋸歯の形】

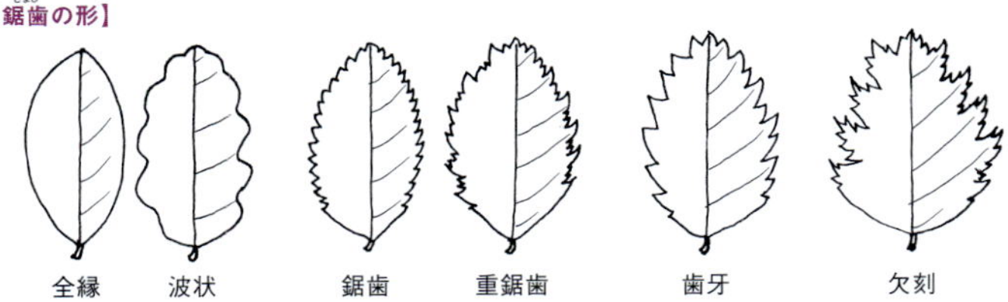

●葉のつき方

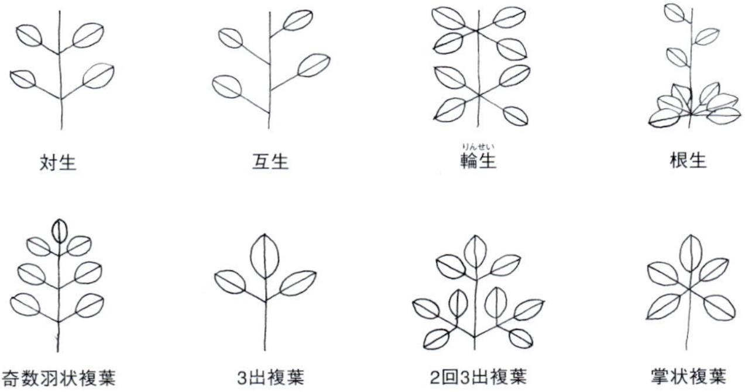

植物用語の解説

裸子植物　種子植物のうち、胚珠が子房で包まれず、むき出しのもの。マツ科、ソテツ科、イチョウ科など。

被子植物　種子植物のうち、胚珠が子房で包まれているもの。

子房　めしべの下端の膨れた部分。種子の元となる胚珠を包み受精後果実となる部分。雌しべ全体は心皮という葉由来の器官で構成されている。

胚珠　顕花植物の花の部分にあり、受精後に種子となる部分。

単子葉　芽が出るとき地上に最初に出てくる葉が1枚の植物。ラン科、ユリ科など。

双子葉　一番最初の葉が双葉のもの。

合弁花　花弁の一部ないし全部が合着している花冠を持つ花。

離弁花　花弁が互いに離れている花冠を持つ花。

一年草　**夏型一年草**／春種子から発芽し、その年に開花・結実し枯れて種子だけ残すもの。**越年草**／秋に種子から発芽し越冬後、翌年の春に開花・結実して夏までに枯れ、種子のみが残るもの。

二年草　種子から発芽しその年には開花せず越冬し、翌年開花・結実して冬までに枯れ、種子のみが残るもの。

多年草　根や地下茎が2年以上枯れずに生存し、毎年春に葉や茎を出して開花し、その年の冬に地上部が枯れるもの。

春植物　早春に芽を出しすぐに開花・結実して、木々が芽吹き葉を広げ林床が暗くなる頃、地上部が枯れる生活史をもつ植物。スプリングエフェメラルとも呼ぶ。セツブンソウ、イチリンソウ、ミチノクフクジュソウなど。

大陸系植物　日本列島が大陸と地続きであった時代の名残で、ルーツを大陸にもつ植物。エヒメアヤメ、ヒゴタイなど。

ソハヤキ　「襲速紀」。襲は九州（熊襲）、速は四国（速吸瀬戸＝豊後水道）、紀は紀伊半島を表す。

ソハヤキ要素　西南日本の構造線（紀伊半島、四国、九州を結ぶ）の太平洋側の地域に分布する植物で、日本固有のものが多く、一部は中国大陸中部の植物相とも関連する古い起源をもつ。キレンゲショウマ、オモゴウテンナンショウなど。

帰化植物　主に江戸時代以降渡来し、国内で繁殖する外国原産の植物。

史前帰化植物　稲作に伴って伝播した植物群、麦類の栽培伝来とともに渡来したもの、有用植物として持ち込まれたものなど人里の植物の多くがこれにあたる。イヌタデ、タネツケバナ、カタバミ、ツユクサ、ハハコグサ、ヒガンバナなど。

特定外来生物　外来生物で、生態系に被害を及ぼすもの、または及ぼす恐れのあるものの中から指定され、栽培、植える、蒔くことも禁止されている。植物で指定されているのはオオキンケイギク、ミズヒマワリ、オオハンゴンソウ、ナルトサワギク、オオカワヂシャ、ナガミツルノゲイトウ、ブラジルチドメグサ、アレチウリ、オオフサモ、スパルティナ・アンブリカ、ボタンウキクサ、アゾラ・クリスタータ（シダ）の12種類。

春の七草　セリ、ナズナ、ゴギョウ（ハハコグサ）、ハコベラ（ハコベ）、ホトケノザ（コオニタビラコ）、スズナ（カブ）、スズシロ（ダイコン）。稲作が始まる前の田んぼと畑に咲く。食用のものが選ばれていて、正月の七草粥に使われる。

秋の七草　薬用など実用性もあるが、観賞を主にした選択。『万葉集』に詠まれた山上憶良の歌が原典。ハギ、オバナ（ススキ）、クズ、ナデシコ、オミナエシ、フジバカマ、アサガオ（キキョウ）で、野原＝草原に咲くものが選ばれている。

■花に関するもの■

花弁　はなびら。

花冠　花弁の総称。

花被　萼と花冠との区別がない場合、両方をまとめて花被という。

萼　花被のうち、外側に位置するもの。個々を萼片という。

花序　花のつき方、主な花序は9ページに図示。

花托（花軸、花床、花盤）　萼や花弁、雄しべ、雌しべが付く部分で軸状になるものを花軸、平面的なものを花床といい、花床の一部が肥大した突起を花盤という。

花柄（花梗、小花柄）　ひとつの花を支える柄。複数の花は花梗といい、セリ科のように小花が付く場合は小花柄という。

雌雄異株　同一種の植物に雄花を付ける株と雌花を付ける株があるもの。

雌雄同株　同一の株に雄花と雌花を付けるもの。

頭花（頭状花序）　柄のない花が多数、短い花序の軸に付いたもので、全体が一つの花に見える。キク科、マツムシソウ科など。

小花　キク科の頭花、セリ科の花など多数の花が集まって一つの大きな花のまとまりを作る個々の花のこと。

唇形花　合弁花冠の先が上下の2片に分かれ、それぞれを上唇、下唇という。シソ科、ゴマノハグサ科など。

唇弁　ラン科などの花の中央にある特殊な形をした大きな花弁。

側弁　中央にある唇弁に対し、その両側にある花弁。側弁花ともいう。

距　萼や花弁の一部が細長く突き出し、袋状になった部分。スミレなど。

仏炎苞　肉穂花序を包む大型の苞葉。マムシグサなど。

肉穂花序　肥大し肉質となった主軸の周囲に、柄のない多数の花が密生したもの。サトイモ科など。

舷部　花弁で基部が細長く先端部が幅広くなっている場合、基部の細い部分を爪部、先端の幅広い部分を舷部という。マムシグサなど。

蝶形花　花の形をチョウに例えた花冠。5片の花弁で上の1枚が旗弁、両側の2枚が翼弁、下（真ん中）の二枚を竜骨弁（舟弁）という。マメ科の多くがこれ。

旗弁　マメ科蝶形花冠の上側の花弁。

翼弁　マメ科蝶形花冠の側弁。

竜骨弁　マメ科蝶形花冠の下弁。舟弁ともいう。

総苞　花序の基部に多くの苞葉が密集したもの。一つひとつの苞葉を総苞片という。キク科、セリ科など。

閉鎖化　つぼみのような形のまま自家受粉して結果する花。スミレなど。これに対し、普通に咲く花を開放花という。

点頭する　花が頭を垂れて下を向く状態。キセルアザミなど。

■果実（実）に関するもの■

冠毛　タンポポなどの実の上にある毛状の突起。萼の変形したもの。

痩果　1心皮の中に一つの種子があり、果皮と種皮が分けにくいもの。果実が種子と混同される。タンポポ、ヒマワリなど。

心皮　花の各部はもともと葉の変形とされ、雌しべを構成する葉のこと。種類により1～数個あり、胚珠を包む（ユリ3心皮、ゲンノショウコ5心皮など）。

蒴果　熟して乾燥すると果皮が心皮の数に合わせて裂開し種子が散布される。ユリは3裂、ゲンノショウコは5裂など。

袋果　袋状に成熟し、1心皮の合わせ目から裂開するもの。トリカブトなど。

液果　果皮が水分を含み、多肉質となるもの。

集合果　一つの花に多数の雌しべがあり、まとまった果実となるもの。ウマノアシガタなど。

分果　分離果（分裂果、複子房が発達してできた果実）の分離した各小果実。セリ科、シソ科、フウロソウ科など。

むかご（珠芽・肉芽）　わき芽の一種で地に落ちて発芽する。オニユリなど。

偽果　真の果実は子房が肥大したものだが、子房以外の部分が肥大し見かけ上の果実の大半を占めるもの。ヘビイチゴなど。

■葉に関するもの■

羽状複葉　小葉が羽状に並んでいる複葉。スズメノエンドウなど。

小葉　複葉についている一枚一枚の葉。

複葉　葉身が完全に分裂して2枚以上の小葉からなるもの。掌状・羽状などがある。

単葉　葉全体が1枚の葉片からなるもの。

鱗片葉　地上部の基部や地下茎に付く、退化して鱗状になった葉。

托葉　葉の基部にある付属体。葉状・鞘状・突起状・棘状など種類によって変化が多い。

托葉鞘　托葉が変形し茎を巻く鞘状になっているもの。タデ科など。

苞葉　花や花序の基部にある変形した葉。苞ともいう。ドクダミは花弁のように見える。

葉腋　葉が茎につく部分の上部。芽はここにできる。

鋸歯　葉や花弁のふちのぎざぎざで、鋸の歯のような形をしている。

ロゼット　植物の生育型を示す用語。地際の茎から葉が四方に水平に出ている状態。このような葉をつける植物をロゼット植物という。タンポポ、メマツヨイグサなど。

■茎・根に関するもの■

花茎　花のみをつける茎。タンポポなど。

地下茎　地中にある茎で、根に似ているが、葉あるいは芽のあることで根と区別され、形により根茎、塊茎、球茎、鱗茎と呼ぶ。

塊茎　地下茎の一種。でんぷんなどを蓄え、肥大して塊状になったもの。キクイモなど。

球茎　地上茎のすぐ下に付く芋のような茎。

根茎　地中を横に這い、根のように見える茎。節があるので、根と区別できる。

偽球茎　ラン科植物の茎が球形、楕円形などに肥大したもの。

鱗茎　地下茎の一種。多肉の葉がうろこ状に付くもの。ユリなど。球根といわれるものの多くがこれ。

走出枝　茎の根元から出る地表を這う枝でその先に子株（新苗）を作るが、途中根を出すことはない。ランナーともいう。

匍匐枝　茎の根元から地表を這う枝で、節々から根を出して増える。匐枝、ストロンともいう。ネコノメソウ類などは走出枝と区別せずに使われる場合もある。

叢生　葉や枝などが根元や節から束のように多数生じるもの。

輪生　茎の1か所（節）に葉を3枚以上付けること

■毛などに関するもの■

鉤毛　先がかぎ針のように曲がった毛、かぎ状毛。

星状毛　1か所から多方向に出ている毛。

伏毛　軸に対して寝たような、ごく浅い角度で付いている毛。

腺毛　多細胞毛で多くは先端が球状に膨らみ分泌物を出す毛。

腺体　葉の一部や総苞片などにある蜜や分泌物を出す器官。

腺点　主に花や葉に見られる、小さい点状の蜜や粘液を出す器官。

春の山野草自生地の公開場所

名称 （問い合わせ先）	場所	山野草	期間	時間	料金	電話番号	特色
道後山高原 クロカンパーク	庄原市 西城町 三坂734	サクラソウ	5月上旬	9:00〜 17:00	18歳以上 300円 小学生から 18歳 150円	(0824) 84・2727	春から秋にかけて、さまざまな山野草を見ることができる。春には、特定の所で約25種の花を観賞できる。四季ごとに園内で植物観察会を開催。
		ヒメザゼンソウ	5月中旬				
休暇村 吾妻山ロッジ	庄原市 比和町森脇	ミヤマカタバミ	4/下旬〜 5/上旬	7:00〜 21:00	無料	(0824) 85・2331	ミズバショウ（長野県から移植）が開花すると、吾妻山の「山野草」の季節が訪れる。春には、そのほか約20種の花を見ることができる。
		ショウジョウ バカマ					
		ミヤマキケマン					
為重自治振興区	庄原市 東城町久代	ミチノク フクジュソウ	3/上旬〜 4/上旬	晴天の日 12:00〜 16:00くらい	無料	横原会長宅 (08477) 2・2784	フクジュソウを見ながら散策できる地域はとても珍しい。
里山を楽しむ町 イベント実行委員会 （庄原市役所 総領支所 地域振興室）	庄原市 総領町内 公開地 （7か所）	セツブンソウ	2/中旬〜 3/中旬	指定なし	無料	(0824) 88・3060	総領町内には、約40か所の自生地が確認されており、保存会を中心に保護・育成活動が行われている。
宇根かたくりの里	府中市 上下町矢野	カタクリ	4/上旬〜 中旬	随時	無料	(090) 2008・4716 担当:宮田	標高が低いので、早い時期に開花する。ミズバショウの花も一緒に観賞できる。
三原市 教育委員会 生涯学習課	三原市 沼田西町 松江	エヒメアヤメ	4/中旬〜 下旬	9:00〜 17:00	無料	(0848) 64・2137	エヒメアヤメ自生南限地帯。国の天然記念物。地元の保存会が保護活動（草刈り、公開時の管理など）を行っている。
安田 コミュニティ センター	三次市 吉舎町安田	ユキワリイチゲ	1/下旬〜 3/中旬	晴天の日 11:30〜 15:30	無料	(0824) 43・2827	安田のユキワリイチゲは、「がく片」が白色で希少（通常は薄紫色）。
		セツブンソウ	2/中旬〜 3/初旬	随時			
		カタクリ	4/初旬〜 中旬				
夢語荷里 （ゆめかたくり）	安芸高田市 向原町 長田川之内地区	カタクリ	3/下旬〜 4/上旬	随時	無料	(0826) 46・4150	カタクリの県内南限にある群生地。

＊せら夢公園／世羅郡世羅町黒渕411-13　TEL0847-25-4400　入園無料（9:00〜17:00）

園内の「自然観察園」は、湿地・ため池などを再整備して、世羅台地で見られる多様な動植物の保全に取り組んでいる。湿地では、サギソウ・ミミカキグサ類などを観賞できる。

山野草解説

334種

2009.4.5　三原市

【サンショウソウ（山椒草）】　*Pellionia minima*

サンショウの葉が地面に落ちているような姿。まさにサンショウソウである。ただし、サンショウの葉は一枚の葉が細かく分かれた羽状複葉だが、サンショウソウは茎に葉が規則正しく互生して付いている。なぜそんなに似ているのか、よく観察すると鋸歯のへこんだ部分の形が似ている。茎は地面を這い、長さ10～30cm。葉は斜めに傾いた卵形で、浅い鋸歯があり、長さ0.8～2cm。雌雄同株または異株で、雄花か雌花のどちらかが集まって付く。写真はかたまり状の花なので雌花である。雄花には長い柄がある。

●花期　４～６月
●分布　**中国地方全域**　本州（関東以西）～琉球　中国

2009.5.5　広島市安佐北区

【オオサンショウソウ（大山椒草）】　*Pellionia radicans*

サンショウソウに比べて大きいが、非常によく似ており、区別は難しい。サンショウソウの葉は先が円くなり裏面の脈の上に曲がった微細な毛が多く見られるが、オオサンショウソウでは先が尖り、裏面にはわずかに短い毛がある。またサンショウソウは茎に毛が多いが、オオサンショウソウにはほとんど毛がない。葉の長さは2～4.5cm。写真は花序が伸びて咲いているので雄花である。サンショウソウもオオサンショウソウも南部の照葉樹林の薄暗い所で見かけるが、オオサンショウソウのほうが多い。

●花期　４～６月
●分布　**中国地方全域**　本州（中部以西）～琉球　中国

2010.5.9　大竹市

【キミズ（木みず）】 *Pellionia scabra*

イラクサ科の一グループにミズの仲間がある。みずみずしい柔らかそうな植物で、アオミズ、ヤマミズなどが普通に見られる。ミズに似て茎が堅い木になるからキミズという。じつはキミズはミズとは別の属で、サンショウソウなどと同じグループである。茎は20～40cm、短い毛を密につけ、枝分かれする。葉はやや斜めに傾いた長い楕円形で長さ5～9cm、中央より上に鋸歯があり、両面に毛がある。雌雄同株だが、雌花と雄花を別々に付ける。写真は雌花の集まりで、柄がほとんどなく、球状に集まっている。

●花期　４～５月
●分布　**島・広・山**　本州（東海以西）～琉球　中国

2010.4.17　庄原市東城町

【カテンソウ（花点草）】　*Nanocnide japonica*

春に沢筋を歩くと、よく目にするが、なにせ小さいのでなかなか目に留まらない。茎は高さ10～25cmで、根元から数本の茎を出し、走出枝を伸ばす。葉は互生し、扇形～広い卵形。鈍い鋸歯があり、裏は紫色。上部の葉の付け根から2～3cmの長い柄を伸ばし、その先に2～3mmの数個の雄花を咲かせる。雌花は葉の付け根に短い柄を出して咲くが1mmほどの大きさ。風媒花なので雄花が高いところにあって、花粉を飛ばすのであろう。雌雄異株のものと同株のものがあるので、雌雄どちらかの花だけの株も多い。

●花期　４～５月
●分布　**中国地方全域**　本州　四国　九州　中国

2009.4.27　東広島市豊栄町

【カナビキソウ（鉄引草）】 *Thesium chinense*

謎の多い植物である。細長い線形の葉でよく光合成して成長できるものだと感心していたら、半寄生の植物、つまり自分で光合成もするが、ほかの植物から栄養を横取りして生きているらしい。いろいろな書物で調べたが、寄主は分からなかった。根を掘ってみても細くて、どの草につながっているのか分からない。カナビキソウの名の由来もよく分かっていない。高さは15～40cm。葉は互生し、葉の付け根に直径3～4mmの白い花を付ける。白いのは萼で3～5枚ある。花びらはない。均整のとれた美しい花である。

●花期　４～６月
●分布　**中国地方全域**　本州～琉球　朝鮮半島　中国

2006.4.9　山県郡安芸太田町

【ハルトラノオ（春虎の尾）】 *Bistorta tenuicaulis*

落葉樹林の下にひっそりと咲くが、白い雄しべの先の赤い葯が目立つ。花の直径は3mm、穂になって咲く。茎は高さ7～20cm。近年ハルトラノオには2種類あることが分かり、主に太平洋側に分布するハルトラノオと日本海側に分布するオオハルトラノオ var. chinophilaがある。広島県には両変種があり、葉の基部の形が異なる。写真のものは葉の基部がやや切形に近いように見えるのでオオハルトラノオかもしれない。ハルトラノオはくさび形になる。

●花期　4～5月
●分布　**中国地方全域**　本州　四国　九州

2006.4.29　三次市吉舎町

【ミミナグサ（耳菜草）】　*Cerastium holosteoides var. hallaisanense*

道ばたや田畑に見られるが、目にすることが少なくなった。帰化種のオランダミミナグサに取って代わられているようで、中山間地の昔ながらの田畑が残されているような所へ行かないと、なかなかお目にかかれない。茎は高さ15～30cm。葉は対生し、卵形～長い楕円形。長さ5～15mmの柄に直径0.8～1cmの白い花を咲かせる。花弁は５枚で花弁の中央が3分の1～半分切れ込んでいる。全体に毛があり茎の上部や萼には腺毛もある。葉の形がネズミの耳に似ていることから名付けられた。

●花期　５月
●分布　**中国地方全域**　北海道～九州　朝鮮半島　中国

2010.2.21　竹原市吉名町

【オランダミミナグサ（和蘭耳菜草）】 *Cerastium glomeratum*

ミミナグサによく似ているが、ミミナグサは花柄が長いので、花がまばらに見え、萼と花弁がほとんど同じ長さである。これに対してオランダミミナグサは花柄は5mm以下と短く、花は密生し、萼の長さは短く花弁の3分の2程度である。またオランダミミナグサのほうが毛が多く、腺毛が全体にあって触ると粘り気がある。都市部の周辺や、ほ場整備の行われた農地とその周辺には本種がよく見られる。茎は高さ15～30cm。花弁の先の切れ込みは半分ほどだが、隙間が閉じ気味なので切れ込んでいるように見えないことがある。

●花期　３～５月
●分布　**中国地方全域**　原産は欧州　世界の温帯から暖帯に帰化

2008.4.21　庄原市掛田町

【ノミノツヅリ（蚤の綴り）】 *Arenaria serpyllifolia*

ツヅリは短い衣の意味で、小さなノミが着る着物でもさらに短いものという意味である。茎の長さや太さに対して極端に小さい葉を見立てたものである。よくこんなに小さくて生きていられるものだと感心してしまう。田畑や路傍のやや乾いた所にごく普通に見られる越年草。茎は高さ10～25cmで、下のほうでたくさん分枝する。葉は3～6mm、広い楕円形～卵形。花は直径6mmで、花弁より萼が長い。ハコベの仲間に似ているが、ノミノツヅリの花弁は中央が裂けない。

●花期　５～６月
●分布　**中国地方全域**　北海道～九州　アジア　欧州　世界の温帯に帰化

2007.4.29　廿日市市

【タチハコベ（立繁縷、別名：エゾフスマ）】 *Moehringia trinervia*

一見するとハコベのようだが、なんだか雰囲気が違う。そう思ってよく見ると、葉柄が幅広く、葉に3本の脈が目立つ（三行脈という）。花は終わった後で、花弁が落ちているのかと思ったら、雄しべには花粉をたくさん持った葯が付いていて花は終わっていない。萼も長く尖っている。タチハコベは山地に生育するオオヤマフスマの仲間で、花弁が非常に短く萼の半分もない。そのため、全体緑色で目立たない植物である。茎は高さ10～20cm。県内ではなぜか南部に1か所だけ知られている。

●花期　4～6月
●分布　**岡・広・山**　千島～九州　北半球の温帯に広く分布

2010.5.5　廿日市市吉和町

【ワチガイソウ（輪違草）】 *Pseudostellaria heterantha*

深山幽谷の似合う花である。奥山の滝を訪ねて沢を上っていくと、岩棚に一輪の清楚な花を見た。心洗われるような美しさであった。高さ8～15cm。茎には一列に縮れた毛がある。葉は倒披針形で対生。花は直径1～1.2cmで花弁は5枚、赤い雄しべの葯が目立つ。葉の脇から花柄を出すが、頂上の2枚の葉には花が付かず、上から2段目～4段目に付く。牧野富太郎は名の由来を、本種を盆栽にして名が分からぬので、不明を表す輪違いの印を付けたためだと述べているが、不明種に○○草と書いたのが○が重なって輪違い紋（家紋の一つ）に見えたためではないかと推測する。

●花期　４～６月

●分布　**中国地方全域**　本州（関東以西）　四国　九州　中国

2009.4.26　庄原市東城町

【ワダソウ（和田草）】 *Pseudostellaria heterophylla*

人名が由来かと思ったら、長野県の峠の名であった。ワチガイソウに似ているが、やや乾いた林縁や、やや明るい林床に見られ、生育環境が異なる。また、花弁の先端が切れ込むこともワチガイソウとの大きな違いである。茎は高さ10～20cm。葉は対生し、茎の下部の葉は倒披針形であるが、上部の葉は卵形で形が異なり、上の2対は接近して付くため四輪生のように見える。花は直径1～1.4cmで頂生する。この仲間は開かない花、閉鎖花を茎の下部に付ける。

- 花期　4～5月
- 分布　**岡・広**　本州　四国　九州　朝鮮半島　中国

2005.5.29　庄原市西城町

【ツメクサ（爪草）】　*Sagina japonica*

庭や道ばたにごく普通に見られる小型の一年草。茎は下部で分かれ叢生(そうせい)し、高さ3〜15cm。葉は細い線形で、先が尖り、その先は針のようになっている。葉の付け根は対生する葉の付け根と膜でつながり筒状になる。白い花は直径5〜8mm。花弁は先が切れ込まないのでノミノツヅリに似ているが、萼と花弁の長さが同じくらいなので萼が長いノミノツヅリとは異なる。ツメクサの名は尖った葉の形が鳥の爪に似ているからだといわれるが、比べられたのはよほど細長い爪の小鳥だったのであろう。

●花期　４〜７月
●分布　**中国地方全域**　日本全土

2008.5.25　福山市松永町

【ウシオハナツメクサ（潮花爪草）】　*Spergularia bocconii*

河口の満潮時に浸かってしまいそうな砂地の上に、見たことのない鮮やかな紅紫色の花を見たときには心躍ったが、後に帰化植物だと分かって少しがっかりした。茎は枝分かれして地面を這い、立ち上がって高さ10～40cmになる。葉は塩生植物らしく、半円柱状で長さ2～3cm。花は直径8mmで花弁の上半分は紅紫色であるが、下半分は白色で、花弁全体が紅紫色のウスベニツメクサと区別できる。萼や茎、葉などに繊毛が多く、これによってウシオツメクサと区別できる。

●花期　４～６月
●分布　**岡・広**　原産は欧州

2005.4.21　庄原市掛田町

【ノミノフスマ（蚤の衾）】 *Stellaria alsine var. undulata*

同じナデシコ科の中でノミノツヅリと名が似ているが、こちらのフスマは夜具のことだという、ノミの布団のように葉が小さいという意味だが、ツヅリほどは小さくない。実際ノミノフスマの葉は長さが1～2cmあって細長い。茎はあまり這わず、枝分かれして立ち上がり、高さ10～30cm。花は直径0.8～1cmで、5枚の花弁の中央は深く裂けて10枚に見える。ほかのハコベ属よりも花がやや大きめである。水田などのやや湿った所に生育することが多い。広く分布していて普通の植物である。

●花期　4～10月
●分布　**中国地方全域**　北海道～九州　朝鮮半島　中国

2003.5.6　庄原市総領町

【ウシハコベ（牛繁縷）】　*Stellaria aquatica*

ハコベに似て牛のように大きいのでウシハコベという名が付けられたというが、さすがに牛のサイズとまではいかない。茎は分枝して這い、立ち上がって高さ20～50cmに達する。葉は卵形で先が鋭く尖り、葉脈がはっきりして、縁が波打つ。花弁が深く2裂するのはハコベ属の特徴であるが、ウシハコベは雌しべの先端が5つに分かれており、ほかのハコベ属の雌しべの先端が3つに分かれているのと異なる。そのために、別の属ウシハコベ属をたてるという説もある。農耕とともに大陸から伝わってきた史前帰化植物だといわれる。

●花期　4～10月
●分布　**中国地方全域**　北海道～九州　ユーラシア　北アフリカ

2010.3.14　山県郡安芸太田町

【コハコベ（小繁縷）】　*Stellaria media*

農耕地や都市部の緑地に普通に見られる。1920年代に確認された帰化植物で、現在は日本中至る所に見られるが、ハコベより攪乱（かくらん）を強く受けるところに多く見られる。茎は下部で多く枝分かれして立ち上がり、高さ10～20cmで、赤みを帯びることが多く、片側にだけ毛がある。葉は卵形で対生し、長さ1～2cm。花は直径6～8mm。花弁は白く5枚だが、中央が深く2裂するので、花びらが10枚あるように見える。雄しべは1～7本で数が少なく、種子の周囲の突起が円く低いことがハコベと異なる。

●花期　２～９月
●分布　**中国地方全域**　日本全土　原産は欧州　ほぼ世界中に帰化

2006.3.11　庄原市上原町

【ハコベ（繁縷、別名：ミドリハコベ）】 *Stellaria neglecta*

春の七草の「はこべら」である。火を通すとクセがなく柔らかいので七草がゆの中ではおいしいほうだと思う。コハコベと非常によく似ていて、ほとんど区別がつかない。茎に赤みが少なく、雄しべが5～10本と数が多いこと、種子の周囲の突起がやや尖っていることで見分けることができる。ハコベの名の由来は諸説あるが、よく分かっていない。ごく普通のものほどよく分からない典型である。ヒヨコのえさにすることからヒヨコグサともいう。

●花期　1～10月
●分布　**中国地方全域**　日本全土　アジア　欧州

2006.4.28　庄原市総領町

【ミヤマハコベ（深山繁縷）】 *Stellaria sessiliflora*

ミヤマの名から奥深い山中にあるように思えるが、案外、人里近くの谷筋にも見られる。渓谷の湿った、やや薄暗い所に多く、ときに群生する。茎は分枝しながらやや這って、斜めに立ち、高さ5～15cm。茎の片側に一列の毛がある。葉は長い葉柄があり卵形で、葉柄と葉には下部の縁に毛があるが、葉面は無毛。葉腋から花柄を出してその先に直径1～1.4cmの花を一つずつ付ける。花弁は白く、5枚で深くVの字状に切れ込む。花弁の幅が広いのでこの仲間では最も美しい。

●花期　４～５月
●分布　**中国地方全域**　北海道　本州　四国　九州　済州島

2010.5.16　廿日市市吉和町

【サワハコベ（沢繁縷）】 *Stellaria diversiflora*

その名のとおり、沢沿いの湿った場所に見られる。ミヤマハコベとよく似ているが、やや小さく、高さ5～10cm。茎には一列の毛がなく、葉の表面には、まばらに毛がある。花の時が最も区別しやすく、花の大きさは同じくらいだがサワハコベのほうが花弁の幅がやや狭く、中央の切れ込みが先端から2分の1～3分の1と浅いので、ミヤマハコベほどの華やかさがない。県内での分布はミヤマハコベよりも広く、どちらかというと西部に多い。これに対してミヤマハコベは、東部のほうに多い。

●花期　５～７月
●分布　**中国地方全域**　本州　四国　九州

2009.5.4　神石郡神石高原町

【ヤマハコベ（山繁縷）】 *Stellaria uchiyamana*

吉備高原の谷でよく見かける。特に石灰岩や安山岩などの谷には多く、岩が露出したやや乾燥気味の所に群生。茎は細く、長く這って分枝し、やがて斜めに立ち上がって、高さ10～20cmになる。葉には柄がなく、広い卵形で、両面に星状毛と呼ばれる放射状に広がる毛がある。2～3cmほどの長い柄の先に花を付け、直径1～1.2cm。花弁は5枚だが中央が深く切れ込むので、10枚に見える。花弁のないものをアオハコベといい、図鑑にはアオハコベのほうが普通にあると書かれているが、県内ではほとんど見かけない。

●花期　５～６月
●分布　**島・岡・広・山**　本州（近畿以西）　四国　九州

2007.4.14　庄原市東城町

【ミチノククフジュソウ（陸奥福寿草）】 *Adonis multiflola*

以前フクジュソウは一種だと思われていたが、いくつかに分けられることが分かってきた。広島県に自生するものはミチノクフクジュソウにあたり、茎は中空で、高さ10〜25cm、分枝して数個の黄色い花を咲かせる。花は直径3〜4cm。萼は花弁の半分の長さである。石灰岩地に多く、自生地の一部は地元の人たちの努力で維持管理され、毎年見事な群生を見ることができる。しかし、栽培されていた別の種のフクジュソウが野外に植えられていることがある。そのような行為は混乱の元になるので、やめてほしいものである。

●花期　３〜４月
●分布　**中国地方全域**　本州　九州

2010.4.15　三次市粟屋町

【イチリンソウ（一輪草）】 *Anemone nikoensis*

いわゆるイチゲの仲間では、最も普通に見られる種で、丘陵地から山地まで分布は広い。林縁のやや湿った所などに群生し、大きな群落は見事である。地下茎は太く、横に這い、その先に花茎が出て、高さ15～30cm。花茎の先に3枚の2回3出複葉の総苞葉（花序の付け根にある葉）を付ける。その中心から1本の花柄を伸ばし、一個の花が付く。花は直径4cm。花びら状のものは萼で、表面は白、裏面は薄い紅紫色を帯びることが多いが、ときには写真のように表面も薄紅色のものがある。

●花期　４月
●分布　**中国地方全域**　本州　四国　九州

2006.4.23　神石郡神石高原町

【ニリンソウ（二輪草）】 *Anemone flaccida*

イチリンソウに対して、花が2個付くので二輪草であるが、よく観察すると、1輪や3輪のものも見られる。横に這う地下茎の先に3枚の小葉（切れ込みが深いと5枚に見えることもある）からなり、15～25cmの葉柄を持った根生葉を付ける。花茎は高さ15～30cmで、柄のない3枚の総苞葉の中心に2本の花柄があって、その先端には白い花がある。花は直径2cmである。キンポウゲ科の多くの種は花弁がなく、萼が花弁のように発達している。石灰岩地や古生層地帯には多く、林縁などに群生する。

●花期　3～5月
●分布　**中国地方全域**　北海道～九州　中国　アムール　サハリン

2010.3.14　山県郡安芸太田町

【アズマイチゲ（東一華）】 *Anemone raddeana*

白く、清楚な感じのする花である。3枚の総苞葉に柄があり、3出複葉であるが、小葉がそれぞれ楕円形でほとんど切れ込まないので、イチゲの仲間ではとても区別しやすい種である。地下茎は太く、紡錘形で、その先に根生葉と花茎を付ける。根生葉は2回3出の掌状（手のひらのような形）複葉である。花茎は高さ15～25cm。先端に一個の白い花を咲かせる。萼片は8～13枚あり、表面は白だが、裏面は薄紫を帯びる。県内では吉備高原面に見られるが、まれである。

●花期　３～５月
●分布　**鳥・島・岡・広**　北海道～四国　朝鮮半島 アムール ウスリー サハリン

2003.4.13　三次市君田町

【キクザキイチゲ（菊咲一華）】　*Anemone pseudo-altaica*

県内で記録のあるイチゲ（イチリンソウ属）の中で、最も美しいのは本種であろう。また、中国山地の山麓や高所に分布しており、山地の落葉樹林の林縁などに見られるが、県内では非常にまれな種で、なかなかお目にかかることができない。地下茎は這い、その先に高さ10～30cmの花茎を出す。総苞葉は2回3出羽状の複葉で、細かい切れ込みが多く、三角形で先端が鋭く伸びている。花茎の先端には一つ花がある。萼は薄い藍紫色または白色で、狭い長楕円形、9～13枚付いている。

●花期　３～６月
●分布　**鳥・島・岡・広**　北海道　本州　九州

2005.3.26　庄原市水越町

【ユキワリイチゲ（雪割一華、別名：ルリイチゲ）】 *Anemone keiskeana*

イチゲの仲間は春に葉と花を同時に出すものが多いが、ユキワリイチゲは9月頃から芽を出して、冬越しする。暖かい冬には2月のうちに開花が始まることもあり、雪の中に咲くのを見ることもしばしばである。根生葉は3枚の菱形の小葉があり、切れ込みが浅く、葉脈に沿ってうっすらと斑が入っている。花茎は高さ20〜30cm。萼片は12〜15枚あり、藍紫色または紅紫色を帯びる。パステルカラーでかわいらしい。吉備高原面の古生層や安山岩の地域に見られることが多い。

●花期　２〜４月
●分布　**鳥・島・岡・広**　本州（近畿以西）　四国　九州

2010.4.3　安芸高田市

【ケスハマソウ（毛州浜草）】　*Hepatica nobillis var. japonica f. pubescens*

いわゆる雪割草と呼ばれる仲間には、ミスミソウ、オオミスミソウ、スハマソウなどが知られ、春先に咲く花の代表選手の一つである。その中で、近畿以西に分布するもので、葉の両面に毛があるものをいう。太い地下茎の節から太い根を出し、先端からは根生葉と花茎を伸ばす。根生葉は柄に長い毛があり、中裂して3枚の裂片に分かれる。裂片の先端は円頭～鈍頭でこれがミスミソウとの大きな区別点であるが、ときに先端が尖りミスミソウと言いたいような個体を見かける。花は直径2～2.5cm、萼の色は白～濃い紅紫色。

●花期　２～５月
●分布　**中国地方全域**　本州（近畿以西）　四国

2003.5.17　庄原市東城町

【ルイヨウショウマ（類葉升麻）】 *Actaea asiatica*

山地の落葉樹林に若葉が萌え始める頃、樹林下の薄暗い所に真っ白い花を見ると、山にも遅い春が駆け足で通り過ぎているのを実感する。茎は直立して、高さ40〜70cm。葉は2〜3枚付き、大きく、2〜4回3出（3つに枝分かれ）した複葉になっている。葉のように見える一枚一枚の小さい葉状のものを小葉といい、その形は狭い卵形で、縁に欠刻（切れ込み）と鋭い鋸歯がある。たくさんの花が総状に付き、一個の花は3mmほどの大きさで、萼は早く落ちる。果実は6mmの球形で黒い。

●花期　５月
●分布　**中国地方全域**　北海道〜九州　朝鮮半島　中国　ウスリー

2010.4.25　庄原市東城町

【リュウキンカ（立金花）】　*Cltha palustris var. nipponica*

山中の湿地の日当たりの良いところに見られる。茎は長さ50cmほどであるが、これが直立または斜上するのがリュウキンカで、這うものをエンコウソウと呼んでいる。野外で見ると、さまざまなものがあって個体の性質だけでなく環境や時期でかなり違って見えるようである。写真のものはあまり這わないのでリュウキンカとした。茎の頂上に、直径2.5～3.5cmの2個の花を付ける。萼は黄色で、5枚か6枚付く。県内では中国山地から吉備高原面に分布するが、少ない。

●花期　４～６月
●分布　**鳥・島・岡・広**　千島　北海道　本州　九州　北半球に広く分布

2007.2.9　庄原市総領町

【セリバオウレン（芹葉黄蓮）】 *Coptis japonica var. dissecta*

根茎を薬用や染料として利用する。オウレンは葉の切れ込み方で3つの変種に分けられており、3出複葉のものをオウレン（キクバオウレン）、2回3出複葉のものをセリバオウレン、3回3出複葉のものをコセリバオウレンという。地下茎は太く黄色で横に這い、根生葉と高さ15〜40cmの花茎を出す。花は1から3個付き、直径0.8〜1.2cm。白い萼と花弁があるが、長く先が尖っているのが萼で、短くさじ形なのが花弁である。吉備高原面では落葉樹林下や、スギ・ヒノキの植林地にも見られる。栽培品の逸出かもしれない。

●花期　３〜４月
●分布　**中国地方全域**　北海道　本州　四国

2010.3.14　広島市安佐北区

【バイカオウレン（梅花黄蓮、別名：ゴカヨウオウレン）】 *Coptis quinquefolia*

オウレンの花は萼や花弁が小さくて目立たないが、バイカオウレンの花はその名のとおり梅の花びらのような萼が目立つ。花茎は高さ4～11cm。花の直径も1.2～1.6cmと全体が小型の花であるが、花の存在感がある。群生すると暗い林床に星を散らしたようになり、まるで天の川が降りてきたかのようになる。県内では西部に見られるが、少ない。本州の太平洋側と四国に分布域を持つ植物の多くは、県内では主に西部に分布し、東部には少ないという傾向がある。

●花期　４～５月
●分布　**中国地方全域**　本州（福島県以南）　四国

庄原市総領町は西日本一のセツブンソウ群生地（1998.3.9）

2010.2.24　庄原市総領町

【セツブンソウ（節分草）】 *Eranthis pinnatifida*

花期が早く、節分から咲き始めるという意味でセツブンソウと呼ばれる。地下茎は球形で、花茎は高さ5～15cm。直径2cmの花を1個付ける。花びらのようなのは萼で、白が多いが、写真のように紅紫色のものや、やや青紫色がかったものなどがある。萼の数は5～6枚であるがこれも変化があり、枚数が多く八重咲きになるものもある。萼の内側の黄色いのが花弁で、ここに蜜腺がある。石灰岩地に多いが、安山岩地にも見られ、天然記念物として町ぐるみで保護している庄原市総領町の自生地は安山岩である。

● 花期　２～３月
● 分布　**岡・広**　本州（関東以西）

2005.5.12　庄原市

【カザグルマ（風車）】 *Clematis patens*

子どもの頃、家の前の藪に、薄紫の直径10〜15cmにもなる大きな花をみて、こんな所に誰が植えたのだろうと思っていた。これが野生だと後に知ったが、そのままで園芸種として通用する美しい花である。茎は細くて褐色で、長い蔓になる。葉には長い柄があって、これでほかの樹木などに巻き付いて、上っていく。葉は3〜5枚の小葉からなる複葉で、小葉の形は卵形。園芸種のテッセン（鉄線）C. floridaは中国の原産で、花柄に卵形の小苞があり、江戸時代に日本に伝わった。

●花期　５〜６月
●分布　**岡・広・山**　本州（中部以西）　四国　九州　朝鮮半島　中国

2008.5.4　尾道市

【シロバナハンショウヅル（白花半鐘蔓）】 *Clematis williamsii*

関東から西の太平洋に面した地域にのみ知られていた植物で、2007年に広島県でも見つかり、瀬戸内にも自生することが分かった。茎は蔓状で長く、葉は3出複葉。小葉は長い卵形で、浅い切れ込みが2～3か所に入り先が鋭く尖る。花はその年に伸びた枝の葉腋に、直径2.5～3.5cmのお椀のような形で、下向きに付く。このような形の花はセンニンソウ属でもシロバナハンショウヅルぐらいで、珍しい。県内では未だにこの1か所以外では見つかっていない。

●花期　４～６月
●分布　**広・山**　本州（関東～近畿）　四国　九州

2008.4.26　神石郡神石高原町

【トリガタハンショウヅル（鳥形半鐘蔓）】 *Clematis tosaensis*

県東部の石灰岩の岩峰にいくと、蔓に黄白色の釣り鐘形の花が付いているのを見ることがある。トリガタハンショウヅルである。この名は高知県の鳥形山で最初に見つかったからだという。茎は長い蔓になり、紫褐色で、堅く木化している。葉は3出複葉で、小葉は長い卵形で鋸歯があり、葉脈が目立つ。その年の枝の付け根に長い柄を持つ花を付ける。花の長さは2～3cmあり、萼の先端は鈍頭から円頭になる。県内では石灰岩地に見られるが、他県ではそれ以外の地質の場所にもある。

●花期　5～7月
●分布　**鳥・島・岡・広**　本州　四国

2002.6.2　三次市君田町

【ハンショウヅル（半鐘蔓）】　*Clematis japonica*

暗紫色の釣り鐘形の花は非常に印象的である。萼どうしが癒着して先端だけが開いている、かわいらしい釣り鐘形で、この形から半鐘を連想して付けられた名である。花の長さは2～3cmで、萼の基部が白っぽいものもある。また、萼の外面に細かい毛があるものをよく見かけるが、これをケハンショウヅル var. villosulaとして分けることもあり、近畿から九州に分布する。茎や葉の形や付き方はトリガタハンショウヅルと同じであるが、花柄の半ばに小さい苞葉が付く。トリガタハンショウヅルでは花柄の基部に付くので目立たない。

●花期　５～７月
●分布　**中国地方全域**　本州　九州

2009.4.16　庄原市口和町

【オキナグサ（翁草）】　*Pulsatilla cernua*

実の上部が長く伸びて灰白色の毛を密生する様を、白髪の老人に見立ててオキナグサと呼ばれる。果実の毛は、花柱（雌しべの先端）が花の後に伸びた所に生えている。茎や葉、花の外側にも白っぽい毛がたくさん生えており、実の時期には全身毛だらけになる。花茎は花期には高さ10～20cmであるが、花後に花柄が伸びて35～40cmになる。葉は2回羽状複葉で、裂片に切れ込みがある。花は直径3～5cmで、暗紫色。ややうつむいて咲く。明るい草地に生えるが、草刈りなどの管理をしなくなったために、非常に少なくなった。

●花期　４～５月
●分布　**中国地方全域**　本州　四国　九州　朝鮮半島　中国

2007.4.12　三次市

【サンインシロカネソウ（山陰白金草）】　*Isopyrum ohwianum*

県北の渓谷を歩いていたときのこと。渓側の水の滴るコケの中にうつむいて咲く、小さな黄色い花を見つけた。高さ5〜20cmで、3小葉からなる茎葉を対生させている。その上に長い花柄を持った直径1.2〜1.5cmの花を付ける。花びら状の萼は5枚で黄色く、基部が赤い。その内側の黄色い先が円くなった棒状のものが花弁である。その後この場所は周りの樹木が成長して陰になったので、株が減ってしまった。別の谷では大群生していたが、盗掘によって減っている。

●花期　４〜５月
●分布　**鳥・島・岡・広**　本州（福井県以西の日本海側）

2007.4.15　福山市

【トウゴクサバノオ（東国鯖の尾）】 *Isopyrum trachyspermum*

サバノオという奇妙な名であるが、実を見たら納得できる。袋果（袋状の果実）が2個対生してYの字状になっており、ちょうど魚の尾びれのように見える。サバノオが近畿以西に分布するのに対してトウゴクサバノオは宮城県まで見られるので、トウゴクの名がある。茎は高さ10～20cm、茎葉は3出複葉で、鋸歯がある。花は1.5～2.5cmの花柄に付き、横向きに咲く。直径8mm。花弁状の萼はクリーム色で、花弁は雄しべを大きくしたような形をしている。県内では東部の渓谷に見られる。

●花期　４～５月
●分布　**岡・広・山**　本州（宮城県以南）　四国　九州

2007.4.10　庄原市峰田町

【キツネノボタン（狐の牡丹）】　*Ranunculus silerifolius*

溝や路傍の湿った所に普通に見られる。茎は直立して、高さ15〜80cmに達する。葉は3出複葉。小葉は卵形で3つに切れ込むが、小葉同士が接近して重なり、先端は円くなるか平らになる。花は直径1.2〜2cmで、黄色い花弁が5枚あり、その下に反り返った黄緑色の萼がある。花の中央にたくさんの雌しべが集まって付いており、花後にこれが大きくなって、コンペイトウのような集合果（果実の集まり）になる。1個の痩果は卵形で扁平、先端はカギ形に曲がる。

●花期　４〜７月
●分布　**中国地方全域**　北海道〜九州

2010.4.4　江田島市大柿町

【ケキツネノボタン（毛狐の牡丹）】 *Ranunculus cantoniensis*

キンポウゲ属は互いによく似ていて区別が難しいが、キツネノボタンとケキツネノボタンも一見とてもよく似ていて、紛らわしい。生育環境もほとんど変わらない。ケと名前にあるように本種は毛が多いが、キツネノボタンにもヤマキツネノボタン型と呼ばれる毛の多いものがあって、決め手にならない。区別点は痩果の先端があまり曲がらないこと、葉の小葉の幅が細く互いに重ならないこと、小葉の先端が尖ることが挙げられる。一つだけでなく、いくつかの区別点を見て、総合的に判断することが大切である。

●花期　４～７月
●分布　**中国地方全域**　北海道～九州　朝鮮半島　中国　台湾

2010.5.4　安芸高田市高宮町

【ウマノアシガタ（馬の脚形）】　*Ranunculus japonicus*

名前の由来は葉の形が馬蹄形だから、との説があるが、解説書などにはそのような形に見えないので、「鳥の足形」の鳥の字を見誤って馬にしたのではないか、とある。八重咲きのものをキンポウゲ（金鳳花）という。日当たりの良い山野にごく普通に見られ、茎は高さ30～70cm。葉は円く、3～5裂する。花は直径1.8～2.5cmで、黄色い花弁が5枚あり、その表面には光沢がある。この光沢は花弁の表皮の下にデンプンを含む細胞の層があり、これが光を強く反射するためである。

●花期　４～６月
●分布　**中国地方全域**　北海道～琉球　朝鮮半島　中国　台湾

2009.4.4　三次市作木町

【タガラシ（田芥子）】 *Ranunculus sceleratus*

水田や溝にごく普通に見られる。茎は高さ30～60cmでよく枝分かれする。葉は円く、3～5深裂し、さらに切れ込みがある。花は直径1～1.2cm。5枚の花弁は黄色で、花の中央にある雌しべの集まりが大きく、目立つ。この部分は後に大きくなるが、長い楕円形になり、特徴的である。タガラシの名は噛むと辛いことから付けられたとする説と、水田にはびこって田を枯らすと言う説がある。ただし、キンポウゲ属はほとんどが有毒なので、噛んでみるのはやめたほうがよい。

●花期　４～５月
●分布　**中国地方全域**　北海道～九州　北半球に広く分布

2006.4.12　庄原市峰田町

【トゲミノキツネノボタン（棘実の狐の牡丹）】 *Ranunculus muricatus*

都市部の路傍などに多い帰化植物であるが、近年田舎でも目にするようになった。茎は高さ15～40cm、よく枝分かれする。葉は長い柄があり、浅く3つに分かれているが、あまり分かれているように見えない。花は直径1.5～2.5cmで、黄色い花弁が5枚ある。キンポウゲと比べて、一つひとつの雌しべが大きく、数が少ない。雌しべの子房は花後肥大して痩果になるが、先の尖った扁平な卵形になる。その側面に棘のような突起がたくさん出ている。名前の由来はこの棘のある実に由来している。

●花期　４～６月
●分布　**中国地方全域**　本州と九州に帰化　原産は欧州～西アジア

2007.4.15　福山市山野町

【ヒメウズ（姫烏頭）】　*Aquilegia adoxoides*

通気性のよい土壌を好むようで、石垣や小石を多く含む所によく見られる。地下茎は細長い楕円形で塊状。茎は細く、高さ20〜35cm。下向きに咲く花は直径4〜5mmと小さい。ヒメウズのウズはトリカブトの別名で、小さなトリカブトという意味である。見ようによってはそう見えないこともない。ヒメウズはオダマキに近く同じ属とされるが、オダマキとは距（花弁の背面に長く突き出した突起でオダマキは長い）が長くないこと、雄しべや雌しべの数が少ないことで別の属に分ける説もある。

●花期　４〜５月
●分布　**中国地方全域**　本州（関東以西）　四国　九州

2007.5.5　廿日市市吉和町

【ルイヨウボタン（類葉牡丹）】　*Caulophyllum robustum*

中国山地に遅い春が訪れ、新緑が広がり始めると、木陰にこの花が咲き始める。根茎は地下を這い、茎は高さ40～70cm。茎の上部に2枚の葉を付ける。下の葉は3回3出複葉であるが、柄がないので、3本の枝が出ているように見える。小葉は楕円形で、2～3中裂している。葉の形がボタンの葉のようだということからルイヨウボタンの名が付いた。似ているのは葉だけで、花は似ても似つかないかわいらしい姿で、直径1.3～1.5cm。6枚の萼は黄色で、その内側に長さ2mmの小さい花弁がある。青白い玉のような実がなる。

●花期　５～７月
●分布　**中国地方全域**　北海道～九州　朝鮮半島　中国　ウスリー　サハリン

2006.5.14　庄原市高野町

【サンカヨウ（山荷葉）】 *Diphylleia grayi.*

日本海側の多雪地帯の花で、鳥取県の大山が南西限といわれていたが、その後広島、島根両県でも見つかり、現在は西中国山地が南西限となっている。海抜1000mぐらいのブナ林の林床に生育するが、傘のような円い大きな葉と、白い花を見ると心が洗われる思いがする。茎は高さ30～50cm。葉は茎の上部に2枚付き、縁には欠刻があって、直径30cmを超える大きさになる。花は直径1.5～2cmで3～10個付く。萼は早く落ち、6枚の幅広の花弁がお椀のような形になる。

●花期　５～７月
●分布　**鳥・島・岡・広**　北海道～本州（日本海側）　サハリン

2004.4.30　庄原市口和町

【トキワイカリソウ（常磐碇草）】　*Epimedium sempervirens*

県北東部の中国山地沿いに見られ、日本海側の多雪地帯の植物の一つだといわれている。トキワの名は冬でも葉が枯れず、翌年の花期に前年の葉が残っていることから付けられた。冬に葉が枯れないのは雪に埋もれて冬越しする性質があるためで、多雪地帯の植物によく見られる。また、イカリは花弁にある長い距によるものである。茎は高さ20～40cm。葉は2回3出複葉で、小葉はゆがんだ卵形で先が尖り、基部は矢じり型。花は長さ1.2～2.2cmで、紅紫色、ときに白いものがある。

●花期　４～５月
●分布　**鳥・島・岡・広**　本州（北陸以西の日本海側）

2009.4.12　広島市安佐北区

【コイカリソウ（小碇草）】 *Epimedium × longifolium*

春に県西北部に行くと、トキワイカリソウによく似た花が咲いている。よく見るとやや小柄で、葉は2回3出や、2回2出、2出して3出など、さまざまな分かれ方をしているが、2出して3出のものが多い。葉の先端や基部も尖っていたり円かったりとさまざまで、トキワイカリソウとバイカイカリソウの雑種群の一つである。茎は高さ20〜40cm。花は長さ1.2〜2cm、紅紫色である。トキワイカリソウとコイカリソウは種の境界があまりはっきりしていないので、区別が非常に難しい。

●花期　４〜５月
●分布　**広**

2005.4.24　庄原市西城町

【オオバイカイカリソウ（大梅花碇草）】　*Epimedium × setosum*

中国地方東部の石灰岩地帯や古生層地帯に特有の碇草で、トキワイカリソウとバイカイカリソウの雑種群の一つと考えられている。学名にある×は雑種の印である。茎は高さ20～30cm。バイカイカリソウによく似て、花弁に距がなく、葉は2回2出複葉である。小葉はゆがんだ卵形で、先端が尖り、基部は矢じり型。裏面に寝た毛がある。冬でも葉が枯れずに残っている。花は直径1～1.2cmである。トキワイカリソウとバイカイカリソウの両方の特徴を併せ持っていて、その形は安定して変異が少ない。

- 花期　４～５月
- 分布　**岡・広・山**

2006.5.6　三次市三和町

【バイカイカリソウ（梅花碇草）】 *Epimedium diphyllum*

白い小さな花が、たくさんの提灯をつり下げたように咲く様子はとてもかわいらしい。花に距がないので、碇の形になっていない。これを梅の花に見立ててバイカと名付けられた。茎は高さ20～30cm。葉は1～2回2出複葉で、小葉は先が円いゆがんだ卵形で、基部は心形。葉の裏に立った毛がある。花の直径は1～1.2cm。内側の萼は斜めに開き、4枚の花弁はあまり開かない。冬には地上部が枯れることが多い。県内では世羅台地などの吉備高原面中部から瀬戸内面中部にかけて分布し、東部や西部では見ることがない。

●花期　４～５月
●分布　**岡・広・山**　四国　九州

2010.4.15　三次市三次町

【スズフリイカリソウ（鈴振碇草）】　*Epimedium* × *sasakii*

オオバイカイカリソウとトキワイカリソウの雑種群といわれている。三次盆地から岡山県の新見盆地にかけて中国自動車道に沿って分布する。オオバイカイカリソウに似て、白花で花弁に短い距があるものに名付けられたが、三次盆地では花の色や距の長さ、葉の分かれ方や小葉の形にさまざまな変異がある。花は直径1～2cm、白が多いが萼は紅紫色で花弁は白であったり、全体紅紫色、淡紫色など。距は、全くないもの、こぶ状のもの、長いものなどバラエティーに富む。葉の出方もコイカリソウのようにさまざまである。

●花期　４～５月
●分布　**岡・広**

2007.6.2　東広島市豊栄町

【フタリシズカ（二人静）】　*Chloranthus serratus*

4枚の葉の中心に2本の穂状の花序が伸び出し、小さな白い花を付けている様子からヒトリシズカに対してフタリシズカと名付けられた。茎は高さ20～50cm。茎の先端に接近して対生する楕円形の葉を2対付け、花時には葉が完全に開ききっている。葉には細かい鋸歯がある。花は小さく、2.5～3mmで白く見えるのは雄しべである。3個の雄しべは接着して、雌しべを包むグローブのような形をしており、内面に葯がある。丘陵地から山地に広く分布し、林床の薄暗い所にある。

●花期　4～5月
●分布　**中国地方全域**　北海道～九州　中国

2007.4.19　三次市吉舎町

【ヒトリシズカ（一人静）】 *Chloranthus japonicus*

花穂が1本だけ出た白い花が、林の木陰にひっそりと咲いている。この姿を義経伝説の静御前の舞に例えて名付けられた。風雅な名である。茎は高さ20～30cmで直立し枝分かれしない。茎の上部に2対の対生する葉を付けるが互いに接して付くので、4輪生に見える。1本の花穂に多数の白い花を付ける。花の白いところは雄しべの葯隔と呼ばれる部分で、3本に分かれて長く伸び、長さ0.8～1cm。その付け根の下側に2個の葯がある。県内に広く分布するが、東部に多い。

●花期　４月
●分布　**中国地方全域**　千島～九州　朝鮮半島　中国

2010.4.11　尾道市

【キビヒトリシズカ（吉備一人静）】 *Chloranthus fortunei*

ヒトリシズカによく似て、最初に岡山県で発見されたことからキビヒトリシズカという。茎は高さ30～50cmで、ヒトリシズカよりやや大きめ。花穂が1本なのは同じであるが、雄しべの葯隔が長く1.2～1.5cmで、こちらのほうが華やかに見える。葯は雄しべの上側に4個付き、これがヒトリシズカとの決定的な違いである。そのほか葉に光沢がないことも区別の指標となる。広島県内では石灰岩地帯に点々と分布するが少ない。近年南部で見つかった自生地は花崗岩地帯であった。

●花期　5月
●分布　**岡・広・山**　四国　九州

2010.5.9　廿日市市宮島町

【オオバウマノスズクサ（大葉馬の鈴草）】　*Aristolochia kaempferi*

蔓になる植物で、2〜3mになる。県南部にごくまれに見られ、同属のウマノスズクサとともに有毒であるが、ジャコウアゲハという蝶はこれを餌にして成長する。葉は円心形。花は長さ5〜8cm、非常に変わった形をしており、褐色の花柄の先が急に下に曲がり、太くなったところが子房で、その下の白いU字形の部分が花被筒（花びらが筒状になったもの）である。花被筒の先端は広がって唇状に反り返る。写真の右下にぶら下がっているのは果実で、すでに裂けて種をばらまいている。

●花期　５〜６月
●分布　**広**　本州（関東以西の太平洋側）〜琉球　中国

2006.5.21　山県郡北広島町

【ヒメカンアオイ（姫寒葵）】 *Asarum takaoi*

カンアオイの仲間は地域ごとに種が異なり、日本各地に固有の種がある。ヒメカンアオイはその中では分布が広く、中部以西の本州に見られる。地下茎は這い、その先に2枚の卵形で厚い葉を付ける。葉の長さは5～8cmで、カンアオイ類の中では小型である。花は地際に咲き、直径1.5cm。筒状の萼筒と呼ばれる部分とその先の3枚の萼裂片からなり、萼筒の口の部分に幅の狭い輪（写真の紅紫色の部分）が付いている。カンアオイ類は葉が互いに似ているので、花の形を比較することが重要である。県内ではまれ。

●花期　２～５月
●分布　**鳥・岡・広**　本州（中部以西）

2010.3.21　安芸高田市甲田町

【ミヤコアオイ（都葵）】 *Asarum aspera.*

中国山地から吉備高原面に広く分布しており、県内では最もよく見られるカンアオイ類である。近畿にもあり、京都周辺にも多いのでミヤコアオイの名が付けられた。葉は卵心形、長さ5～12cm。萼裂片の付け根がひどくくびれているのが特徴で、雄しべは12個ある。カンアオイ類の萼筒の内側は縦横にひだのようなものがあるが、本種では縦横ともにはっきりして網の目状になっている。この仲間は、春の妖精とも呼ばれるギフチョウの幼虫が餌にしている。

●花期　２～５月
●分布　**中国地方全域**　本州（近畿以西）

2008.5.11　広島市佐伯区

【サンヨウアオイ（山陽葵）】 *Asarum hexalobum*

山陽地方に主に分布することからその名がある。県内では吉備高原面西部の賀茂台地より西の沿岸部に分布し、瀬戸内の島嶼（とうしょ）部にも見られる。葉はミヤコアオイに非常によく似ている。花は萼裂片が大きく波曲して、フリルのように見え、内面は黒紫色。萼筒は白っぽく、上部はくびれ、内面は縦のひだはっきりしており、雄しべは6個ある。花があるとミヤコアオイと区別しやすいが、葉だけだとまず区別できない。北東部ならミヤコアオイ、南西部ならサンヨウアオイと考えてよいが、分布の境界では迷う。

●花期　4月
●分布　**島・広・山**　九州（北部）

2006.4.18　庄原市口和町

【ウスバサイシン（薄葉細辛）】 *Asarum sieboldii*

山地の渓谷沿いなどに見られる。カンアオイ類の中では葉が薄いのでこの名がある。サイシンは漢方の生薬名で中国のケイリンサイシン A. heteropoides var. mandshuricumのこと。これに似ているカンアオイ類はサイシンと呼ばれる。日本ではウスバサイシンも生薬として用いられる。葉は2枚付き、心形。花は直径1.5cm。萼筒は筒形でミヤコアオイなどのように口が狭くなっていないので、花の内部がよく見える。雌しべの花柱は6個、雄しべは12個あるのが特徴である。

●花期　４～５月
●分布　**鳥・島・岡・広**　本州　九州

2009.4.19　廿日市市

【クロフネサイシン（黒船細辛）】 *Asarum dimidiatum*

紀伊半島から四国南部、九州中部にあって、「ソハヤキ」型の分布をする植物の代表的なものである。近年広島県内でも発見された。県西部にはキレンゲショウマ、シコクスミレなど「ソハヤキ」型の植物がいくつも見られる。一見するとウスバサイシンにそっくりで、葉だけではまず区別できない。花も似ているが、クロフネサイシンの萼筒はやや球形に近い。雌しべの花柱は3個あり、雄しべが6個なので、ウスバサイシンと区別することができる。県内では北西部の深山にのみ知られている。

●花期　5月
●分布　**広**　本州（紀伊半島）　四国　九州

2009.4.5　福山市山野町

【フタバアオイ（双葉葵）】 *Asarum caulescens*

江戸幕府徳川家の三つ葉葵の紋はフタバアオイを図案化したものである。また京都の下鴨神社、上賀茂神社の葵祭でも、御所や牛車などの飾りにフタバアオイが使われる。茎は地上を長く這い、先端が15～20cm立ち上がって、長い柄を持った2枚の葉を付ける。これがフタバアオイの語源である。二枚の葉の付け根に花を付けるが、カンアオイ属のように地際ではなく、地面から5～10cmの高さに花を付ける。花の形も異なり、萼は癒着せず、萼裂片が極端に反り返って、杯型になる。

●花期　5月
●分布　**中国地方全域**　本州（福島県以南）　四国　九州

2007.5.20　東広島市黒瀬町

【イシモチソウ（石持草）】 *Drosera peltata var. nipponica*

賀茂台地の湿地に以前はたくさん見られた。特に花崗岩の風化したマサ土が露出した斜面などに、地下水が浸みだしている所ではおなじみの植物であった。開発などで激減し、探してもなかなか見つからない。地下に球形の塊茎があり、茎は10～30cm。長い腺毛が密生した三日月形の茎葉を互生する。この腺毛の粘りで虫を捕らえて栄養を吸収する。いわゆる食虫植物である。貧栄養の酸性土壌で生育する植物の知恵である。茎の先や葉の反対側に直径0.8～1cmの白い花を数個付ける。

●花期　５～６月
●分布　**岡・広・山**　本州（関東以西）　四国　九州　台湾　中国

2003.5.17　庄原市東城町

【ヤマシャクヤク（山芍薬）】 *Paeonia japonica*

中国山地沿いの落葉樹林や植林地を歩いていると、薄暗い中に、ぽつんと真っ白い花を咲かせていることがあり、心が和む。園芸種のシャクヤクの仲間で山に自生するのでこの名を持つ。茶花としても珍重される。茎は高さ30～40cmで、3枚の2回3出複葉になる茎葉を互生する。花は直径7～10cmで、開くとすぐ花弁が落ちてしまうので写真のように大きく開いた姿を見ることは少ない。花弁は純白で、5～7枚あり、その中に黄色い葯をつけた多数の雄しべがある。雌しべの先端は赤く、外に曲がっている。

●花期　５月
●分布　**中国地方全域**　本州（中部以西）　四国　九州　朝鮮半島

2007.6.17　庄原市

【ベニバナヤマシャクヤク（紅花芍薬）】 *Paeonia obovata*

2005.6.26　白花

ヤマシャクヤクに似て淡紅色の花を咲かせる。茎は高さ30～50cm。葉の形はヤマシャクヤクによく似ているが、裏面に毛がある。花の大きさは同じくらいであるが、ヤマシャクヤクの雌しべは3本のものが多く、先端が少し曲がっているが、ベニバナは5本のものが多く先端が渦巻き状になる。白い花のものもあるが、雌しべの形や、葉の毛から本種だと分かる。

●花期　6月
●分布　**島・岡・広・山**　北海道～九州　朝鮮半島　中国　サハリン

2010.5.30　呉市蒲刈町

【ツクシキケマン（筑紫黄華鬘）】 *Corydalis heterocarpa*

主に九州に分布し、本州では山口県だけに記録があったが、最近、広島県南部で発見された。キケマンの仲間は蒴果（さくか）（成熟すると乾燥して裂ける果実）の形で区別する。ツクシキケマンは蒴果が長さ2cmほどの広線形でやや幅広になり、数珠状にくびれているのが特徴である。茎は斜上し、高さ30～60cm。毛はなく粉を吹いたような白みがある。葉は2～3回3出複生し、裂片は卵形で欠刻がある。花は茎の頂上に総状に多数付き、黄色で上の花弁に紫褐色の斑紋があることが多く、長さ1.5～2cm。

●花期　４～５月
●分布　**広・山**　九州　朝鮮半島

2009.5.10　山県郡安芸太田町

【ヤマキケマン（山黄華鬘）】　*Corydalis ophiocarpa*

自生の記録は古くからあったが、自生地が分からず、標本もなかったため、幻の植物だといわれていた。2004年に戦前の標本が見つかり、その後、自生地も確認された。蒴果は長さ3cmほどの線形で著しく屈曲するのが特徴である。茎は斜上し、高さ40〜80cmで稜がある。葉は1〜2回羽状複生し裂片には欠刻があるが、ミヤマキケマンほど細く裂けない。葉柄には茎までつながった翼がある。花序は茎に頂生し総状。花は淡黄緑色で内側の花弁の先端が紫色になっていることが多く、長さ0.8〜1.3cm。

●花期　４〜５月
●分布　**岡・広・山**　本州（関東以西）〜九州　台湾　中国　インド

2006.4.28　庄原市総領町

【フウロケマン（風露華鬘）】 *Corydalis pallida*

中部以西に分布し、県内でも北部から南部まで広く見られる。蒴果は長さ1～2cmでやや短め、やや数珠状になる。茎は紫褐色で細く、斜上して高さ20～40cmとやや小柄。葉は1～2回羽状複生し、裂片には欠刻があってやや細かく裂ける。花序は頂生し総状であるが、花の数はほかの種に比べて少ない。花は黄色で長さ1.8～2cm、上側の花弁には紫褐色の斑紋があることが多いが、この部分が緑のものもある。フウロケマンのフウロは語源不明で、なぜこの名が付いたのか分かっていない。

●花期　４～５月
●分布　**岡・広・山**　本州（中部以西）～九州

2006.5.1　三次市君田町

【ミヤマキケマン（深山黄華鬘）】 *Corydalis pallid var. tenuis*

近畿以西に分布するが、県内では山地に多い傾向があり、フウロケマンほど普通にはない。フウロケマンと似ているが、全体が大きく、花も多く付く。蒴果が線形で長さ2～3cm、少し湾曲して著しく数珠状にくびれているのが特徴である。茎は紫褐色を帯び、高さ30～50cm。葉は薄く、濃い緑であるが粉を吹いたような白みがあって、2回羽状複生し非常に細かく裂けている。花序は総状。花は黄色で上の花弁に紫褐色または緑色の斑紋があることが多く、長さ2～2.3cm。

●花期　４～５月
●分布　**中国地方全域**　本州

2010.4.18　呉市

【ホザキキケマン（穂咲黄華鬘）】 *Corydalis racemosa*

四国（徳島県）と九州に分布するとされていたが、2007年に広島県南部で発見された。本州では初めての記録だと思われる。蒴果が線形で長さ3～4cm、最初は少し屈曲しているが、種子が熟してくるとほとんど湾曲しなくなり、直線状になる。また、数珠状にくびれることはない。茎は紫褐色を帯び、高さ20～40cm。葉は2回羽状複生し、裂片はあまり細かく切れ込まない。花序は総状だが花の数は少ない。花は黄色で、ほかの種に比べて小さく長さ6～8mmで、距の長さが短いことが大きな特徴である。

●花期　4～5月
●分布　**広**　四国　九州　台湾　中国

2007.4.22　広島市

【シマキケマン（島黄華鬘）】　*Corydalis tashiroi*

九州南部から琉球に分布する亜熱帯性の植物であるが、長崎県や、四国では徳島、愛媛両県でも発見されている。広島県でも南部の海岸近くにあることが近年知られるようになった。蒴果は線形でほとんど屈曲せず直線状、長さ3.5～4.5cmと長く、くびれは全くない。茎は高さ20～40cm。葉は2～3回羽状複生し、裂片はあまり細かく切れ込まない。花序は総状だが、花数は多くはない。花は淡黄色で、長さ1.2～1.8cmとやや小さめであるが、ホザキキケマンほどではない。種子の表面に細かい凹点がある。

●花期　４～５月
●分布　**広**　四国　九州　琉球　台湾　中国

2006.5.7　庄原市総領町

【ムラサキケマン（紫華鬘）】　*Corydalis incisa*

ケマンは寺院の装飾で、花などの透かし彫りを指すが、元々は生花を糸などで連ねたアクセサリーのことだという。確かにキケマン属は総状花序で非常に多くの花を連ねており、その由来にふさわしい。山野の林縁などに普通に見られ、茎は高さ20～50cm。葉は2回3出複生し、花は紅紫色で長さ1.3～2cm。白花で先端近くに紫が残るものをシロヤブケマン、真っ白のものをユキヤブケマンと呼ぶ。

2007.4.15　シロヤブケマン

●花期　４～５月
●分布　**中国地方全域**　北海道～琉球　中国

2010.4.4　江田島市沖美町

【カラクサケマン（唐草華鬘）】　*Fumaria officinalis*

欧州原産の帰化植物で、ミカン畑の雑草として知られており、広島県では南部の島や海岸近くで見つかっている。畑地や石垣などに見られ、茎は高さ10〜30cmで、稜があり粉白を帯びる。葉は3回羽状複生し、裂片は細かく切れ込む。花序は総状で多くの花を付ける。花は小さく淡紫色、長さは0.8〜1cm。蒴果は球形で、直径2〜3mm。中に種子が1個だけ入っている。ムラサキケマンに似ているが、ムラサキケマンは蒴果が細長く種子が多数はいっているので、見分けることができる。

●花期　4〜5月
●分布　**岡・広・山**　原産は欧州　世界の温帯から亜寒帯に帰化

2008.4.13　広島市安佐北区

【ジロボウエンゴサク（次郎坊延胡索）】　*Corydalis decumbens*

吉備高原面から中国山地沿いまで分布するが、まれにしか見ない。春、落葉樹が葉を広げる前に、落葉樹林内や山道沿いに花を咲かせる。塊茎は球形で、数本の花茎と根生葉を出す。葉は2回3出羽状複葉で、花茎は高さ5〜15cm。茎に頂生して総状花序を付ける。花の下に付く苞葉は卵形で全縁。花は長さ1.5〜2.2cm、淡紅紫色。蒴果は線形で長さ2cm、やや数珠状にくびれる。名前のジロボウであるが、同じく距のあるスミレを太郎坊と呼び、距を互いに引っかけて花相撲をすることから付けられのだという。

●花期　４〜５月
●分布　**岡・広・山**　本州（関東以西）〜九州　台湾　中国

2006.4.18　庄原市水越町

【ヤマエンゴサク（山延胡索）】 *Corydalis lineariloba*

吉備高原面に広く分布するが少ない。生育場所はジロボウエンゴサクと同様である。エンゴサクの名は漢方の生薬として使われる、中国産のC. turtschaninoviiの漢名で、それによく似ていることから名付けられた。地下に球状の塊茎があり、1本の花茎を伸ばす。花茎は高さ10〜20cm。葉は2〜3回羽状複生し、小葉は卵形から線形までさまざま。茎の先端に総状に数個の花を付ける。花の下の苞葉は欠刻があり、3裂するものが多い。花は長さ1.5〜2.5cmで、青紫色から紅紫色。蒴果は披針形〜卵状長楕円形で長さ0.7〜1.3cm。

●花期　4〜5月
●分布　**中国地方全域**　本州　九州　朝鮮半島　中国

2009.5.4　神石郡神石高原町

【ヤマブキソウ（山吹草）】 *Chelidonium japonicum*

石灰岩地によく見られる多年草で、県内では東部の石灰岩地帯にある。同様に石灰岩地帯に多いヤマブキに花の色や形が似ていることから山吹草と名付けられた。花弁の色は似ているが、花はより大きく、花弁の数が異なる。茎は高さ25～40cmで直立する。葉は1回羽状複葉で、羽片は2～3対付き、小葉は広い卵形～楕円形、重鋸歯があり、まばらに毛が生える。花は直径3～4cmで、葉腋から花茎を出し、1～2個付く。黄色で倒卵円形の花弁を4枚付けていて、薄暗い林の中ではよく目立つ。

●花期　４～５月
●分布　**岡・広**　本州　四国　九州　中国

2010.5.4　安芸高田市高宮町

【クサノオウ（草の王）】　*Chelidonium majus var. asiaticum*

草の王とはご大層な名前だが、クサは瘡の字が本来で、丹毒（連鎖球菌の感染による皮膚の炎症）の薬になることから名付けられたという。林縁から明るい道ばたなどに普通に見られる。茎は高さ30〜80cmで、分枝し、粉白色を帯びる。茎を切ると黄色い乳液が出る。葉は羽状複葉で、小葉はさらに深く切れ込み、先は丸い。葉の裏には縮れた白い毛がある。花は茎葉の反対側に長い柄を出し、その先に数個付く。花は直径2〜2.5cmで、黄色い花弁が4枚ある。蒴果は線形で長さ3〜4cm。

●花期　５〜７月
●分布　**中国地方全域**　北海道〜九州　朝鮮半島　中国　ウスリー　サハリン

2008.6.1　庄原市本町

【アツミゲシ（渥美罌粟）】 *Papaver somniferum ssp. setigerum*

ケシ P. somniferumと同様に未熟な果実の乳液からアヘンがとれる。そのため栽培が禁止されているが、荒れ地や路傍などにいつの間にか生えている。見つけ次第、保健所や警察に通報する必要があるが、いくらでも生えてくるので追いついていない。アツミは渥美半島で最初に見つかったことによる。茎は高さ60～80cm。葉は長楕円状披針形で深く切れ込み、鋭い鋸歯がある。花は茎の先に付き、直径5～7cm。花弁は4枚で暗紫色～赤。基部に濃色の斑がある。果実は直径1.5cmのやや長い球形である。

●花期　４～７月
●分布　**鳥・岡・広・山**　北アフリカ原産　世界各地に帰化

2003.5.4　三次市君田町

【ハクサンハタザオ（白山旗竿、別名：ツルタガラシ）】 *Arabis gemmifera*

白山で見つかった花なのでハクサンの名が付いている、といわれると、高山植物ではないかと思ってしまうが、案外山麓に見られる。県内では中国山地沿いに点在し、まれな植物である。茎は叢生（そうせい）し、高さ15～35cm、非常に細く柔らかいので倒れやすく、倒れた所に根を出す性質がある。根生葉は先が広がり、羽状に裂ける。茎葉は倒披針形～倒卵形で縁に歯牙がある。花序は総状。花は直径0.8～1cmで、花弁は白い。長角果は線形で数珠状にくびれる。

●花期　４～６月
●分布　**鳥・岡・広・山**　北海道　本州　朝鮮半島

2006.5.14　庄原市高野町

【イワハタザオ（岩旗竿）】　*Arabis serrata var. japonica*

県東部の山地の高い所に分布。落葉樹林下から日当たりの良い所まで見られるが、たいてい岩の上である。細い地下茎があって、茎は高さ15～40cm。葉には鋸歯がある。根生葉は長い柄を持っていて、茎葉は茎を抱いている。花は直径0.6～0.8cmで、花弁は白く4枚。長角果は線形で開出し、長さ3～6cm。シコクハタザオと区別しないという説があるが、県東部の山地のものはイワハタザオの記載によく合致するので、イワハタザオとしておく。

●花期　５～７月
●分布　**鳥・広**　本州（中部以北）

2010.5.5　廿日市市吉和町

【シコクハタザオ（四国旗竿）】　*Arabis serrata var. sikokiana*

県西部の山地に見られる。落葉樹林下の岩棚や岩の隙間に土砂がたまっているような場所にある。イワハタザオと同様に全体に大きく（シコクハタザオのほうがより大きくなるともいわれる）、茎は高さ15～40cm。葉には浅い鋸歯がある。根生葉は長い柄があり、茎葉は基部が矢じり形～耳形で茎を抱く。総状花序に、直径0.6～0.8cmの花を付け、花弁は白色で4枚。長角果は開出して長く、6～9cmになる。四国の山地に多いのでシコクの名が付けられたようである。

●花期　5～7月
●分布　**島・岡・広・山**　本州（関東以西）　四国　九州

2004.5.30　庄原市西城町

【ヤマハタザオ（山旗竿）】　*Arabis hirsuta*

中国山地沿いに点在し、あまり多くない。日当たりの良い山野に生育し、茎はあまり枝を分けず直立して、高さ35～80cm。根生葉はさじ形で3～10cm、浅い鋸歯がある。茎葉は楕円形から卵形で、長さ2.5～5cm、基部は耳状に茎を抱いて、鋸歯はごく浅いか波状になる。花序は総状で、花は直径0.4～0.8cm、花弁は白く4枚。長角果は長い線形で細く、幅1mm、長さ5～6cm、開出せず、花軸に沿って直立する。この仲間には星状毛や二分毛（叉状毛）といった変わった形の毛があり、ヤマハタザオには葉に二分毛がある。

●花期　６～７月
●分布　**中国地方全域**　千島～九州　朝鮮半島　中国

2010.5.22　庄原市一木町

【ハタザオ（旗竿）】 *Arabis glabra*

路傍や川土手などの日当たりの良い所に生える。長角果が花軸に接して直立し、茎にほとんど葉が付いていないので、花が終わってしまうと、ただの棒のようになってしまう。ここから名付けられた名前であるが、草地の中から細長い棒がたくさん出ているように見える様子は非常におもしろい。茎や葉は白っぽく、高さ30～120cm。根生葉は倒披針形で長さ5～10cm、浅く切れ込む。茎葉は披針形で3～9cm、基部は茎を抱き全縁。花は淡黄色で直径0.6～1cm。長角果は長さ4～8cm。

●花期　５～６月
●分布　**中国地方全域**　北海道～九州　北半球の温帯に広く分布

2007.6.19　庄原市

【キバナハタザオ（黄花旗竿）】　*Sisymbrium luteum*

東北から中国地方まで点在し、広島県では東部の石灰岩地帯のみに知られている大陸系の植物。また、図鑑には岡山県まで分布するとあり、記録はあるのだが、岡山県産の標本が残っていない。茎は高さ60～120cmで直立。下部の葉は柄があり、羽状に切れ込むことがある。上部の葉は卵状披針形で鋭い鋸歯がある。花序は総状で、花は直径1.2～1.5cm。長角果は長さ8～14cmに達する。花弁は黄色。日本にはキバナハタザオ属は本種のみ自生するが、帰化植物のカキネガラシやイヌカキネガラシがこの仲間である。

●花期　6～7月
●分布　**広**　本州　対馬　朝鮮半島　中国　ウスリー

2010.4.17　神石郡神石高原町

【スズシロソウ（蘿蔔草）】 *Arabis flagellosa*

吉備高原面を春に歩くと必ず目にする植物で、渓流のそばの斜面や道路脇の法面（のりめん）などによく見られる。特に石灰岩、古生層、安山岩の地域には多い。茎は地際で分枝し、横に這い高さ5〜10cm。根生葉はさじ形で歯牙があり、長さ3〜10cm。茎葉は倒卵形で付け根が細く、葉柄になっている。花序だけが立ち上がって総状に花を付ける。花は直径0.8〜1cmで、花弁は白い。長角果は線形で開出し、長さ1.2〜2.8cm。花がダイコンの花に似ていることからダイコンの別名スズシロを名にもらったといわれている。

●花期　４〜５月
●分布　**島・岡・広・山**　本州（近畿以西）　四国　九州

2010.5.3　府中市上下町

【セイヨウアブラナ（西洋油菜）】 *Brassica napus*

春早くから川土手や路傍に咲く菜の花はほとんどが本種である。油を採るために栽培されたものが野生化したもので明治時代の初めに導入された。在来のアブラナ B. napa var. nippo-liferaとは別の種である。茎は分枝して直立し、高さ50～100cm。茎や葉は粉白色。下部の葉は全縁～羽状に深裂し柄があるが、上部の葉には柄がなく広く茎を抱く。花は直径1.5～2cmで、花弁は鮮やかな黄色。種子は濃褐色。在来のアブラナは茎や葉が粉白色を帯びず、種子が赤褐色なので区別できる。

●花期　２～５月
●分布　**中国地方全域**　原産は北欧～シベリア　世界の温帯に広く帰化

2007.4.24　庄原市掛田町

【セイヨウカラシナ（西洋芥子菜）】 *Brassica juncea*

カラシナは古くに渡来して栽培されていたものであるが、セイヨウカラシナはその原種が帰化したものだと考えられている。在来のカラシナやセイヨウアブラナと交雑し、さまざまなものが見られるようである。茎はよく分枝して、高さ30～80cm。下部の葉は羽状に切れ込むことがあり、鋭い鋸歯がある。上部の葉にも柄があり、全縁で披針形。花は直径0.8～1.2cmで、花弁は黄色。セイヨウアブラナとは粉白色でなく、葉が茎を抱かず、花が小さいことなどで見分けることができる。

●花期　３～５月
●分布　**中国地方全域**　原産は西アジア　世界の温帯から熱帯に帰化

2010.4.5　庄原市川手町

【イヌナズナ（犬薺）】　*Draba nemorosa*

草地に生える越年草。県内では吉備高原面から瀬戸内面まで分布するが、主に南部に見られる。茎は下部で分枝して、高さ15〜30cmで、葉とともに白い毛が多く星状毛もあり全体が白っぽい。根生葉は楕円形、茎葉は卵状楕円形で、縁に荒い鋸歯がある。花は小さく直径3〜4mm。花弁は黄色で先端がへこんでいる。長角果は長楕円形で長さ5〜7mm、少し曲がって開出し、短い毛が密生する。ナズナに似ているが、毛が多いことから名付けられたという。しかし花の色も異なり、あまり似ていない。

●花期　４〜５月
●分布　**鳥・岡・広・山**　北海道〜九州　北半球の温帯〜暖帯に広く分布

2010.2.21　竹原市吉名町

【ナズナ（薺）】 *Capsella bursa-pastoris*

春の七草の一つであるが、ぺんぺん草と言ったほうが、通りがよいかもしれない。子どもの頃、実を鳴らして遊んだ経験のある人は多いことだろう。茎は直立し、高さ10～40cm。根出葉は羽状に複生し、茎葉は披針形で基部は矢じり状に茎を抱き、鋸歯がある。花は総状に付き、白色で直径0.4～0.5cm。果実は扇形で中央がへこみ、この形が特徴的である。土地が荒れている例えとして、ぺんぺん草も生えない、と言われるように、荒れ地に生える草の代表格であるが、土の肥えた田畑にも多い。

●花期　３～５月
●分布　**中国地方全域**　千島～琉球　世界の温帯～暖帯に分布

2009.5.24　三原市宗郷町

【マメグンバイナズナ（豆軍配薺）】　*Lepidium virginicum*

北米原産の帰化植物である。欧州原産の帰化植物グンバイナズナは、果実が直径1cmの円盤形で先端が大きく切れ込むが、これに似て果実の形がより円形に近く、直径3mmと小型で、切れ込みが浅い。グンバイナズナの小型のものという意味で、このような名が付けられた。茎は直立して、高さ20〜50cm、上部でよく分枝する。根出葉はなく、茎葉は倒披針形で鋭い鋸歯がある。花は白く、直径0.3〜0.4cmでナズナによく似ているが、果実を見れば円盤形なので、一目で違うことが分かる。名前にナズナと付くが、別の属である。

●花期　５〜６月
●分布　**中国地方全域**　原産は北米

2003.5.2　三次市三良坂町

【コンロンソウ（崑崙草）】 *Cardamine leucantha*

春に川沿いの落葉樹林などでよく目にする花である。白い花がたくさん付いて、真っ白に見えるので、よく目立つ。これを中国の崑崙山脈に積もる雪に見立てて名付けられたという。茎は高さ40〜70cmで、地下には走出枝を出す。葉は5〜7枚の羽片を持つ羽状複葉で粗い鋸歯がある。花は総状に付き、白く、直径0.8〜1.2cm。長角果は長さ2cm。花や実が付いているとアブラナ科の植物だと分かるが、葉や茎だけを見ると、なかなかアブラナの仲間だとは想像しにくい。

●花期　４〜６月
●分布　**中国地方全域**　北海道〜九州　朝鮮半島　中国　シベリア

2006.4.16　福山市山野町

【マルバコンロンソウ（丸葉崑崙草）】　*Cardamine tanakae*

コンロンソウに似て葉が丸いのでマルバコンロンソウと名付けられたようである。しかし、茎の高さ7～20cmと小さく、小葉が丸い根出葉の形などを見ると、よくコンロウソウに近い植物だと分かったものだと感心するぐらい、あまり似ていない。花は直径0.4～0.6cm、白色で、総状に付くが、花序はまばらであまり長く伸びない。長角果は長さ1.8～2.5cmで、茎や葉とともに毛が非常に多く生えているのが特徴である。県内では少なく、吉備高原面から中国山地沿いの渓谷沿いなどに見られる。

●花期　４～６月
●分布　**島・岡・広・山**　本州　四国　九州

2009.3.29　福山市

【オオマルバコンロンソウ（大丸葉崑崙草）】　*Cardamine arakiana*

マルバコンロンソウに似てやや大きめだという意味の名だが、大きさはあまり違わず、茎は高さ10〜20cm。葉の形は一見似ているが、より丸く、3小葉からなっており、マルバコンロンソウが3〜9小葉になるのと異なっている。花はまばらな総状花序で、白色。花の直径0.4〜0.6cmである。長角果は長さ2〜2.7cmで毛はない。植物体全体に毛が少ない。広島県内では知られていなかったが、東部の渓谷で発見された。これまではマルバコンロンソウと混同されていた。

●花期　４〜５月
●分布　**岡・広**　本州（京都府〜兵庫県）

2008.5.4　尾道市瀬戸田町

【ジャニンジン（蛇人参）】　*Cardamine impatiens*

蛇のニンジン、つまり蛇の食べるニンジンのような葉の草という意味の名で、ヘビイチゴと似た由来である。蛇は食べないであろうが、人の食べ物でないという例えである。茎は直立し、高さ40～50cm。葉は羽状に分裂して、小葉は幅が非常に細く、さらに切れ込んで特徴的である。葉の基部に耳状の付属体と呼ばれる張り出しがあり、茎を抱く。花序は総状であるが、長く伸びず、花の間が詰まっている。花は直径0.3～0.4cmで白いが、花弁の退化した花もある。長角果は長さ2cm。

●花期　４～５月
●分布　**中国地方全域**　北海道～琉球　ユーラシアの温帯～亜熱帯に分布

2006.3.11　庄原市上原町

【タネツケバナ（種漬花）】 *Cardamine flexuosa*

春の水田や湿地に普通に見られる。この花が咲くとイネの種モミを水に付けて、種蒔きの準備が始まることから付けられた名である。茎は分枝して斜上し、高さ10〜30cm。茎には毛がある。葉は羽状に複生し、小葉には切れ込みがある。花序は総状で、長く伸びる。花は白く、直径0.3〜0.4cmで花弁は4枚。長角果は線形で無毛、長さ2cm。茎が直立して全体に毛が多く、花時に根出葉が残るものをタチタネツケバナと呼び、やや乾燥した環境に見られるが、タネツケバナとの境目がはっきりしない。

●花期　３〜５月
●分布　**中国地方全域**　千島〜琉球　オセアニア　北米の温帯〜暖帯に分布

2006.5.14　庄原市高野町

【ニシノオオタネツケバナ（西の大種漬花）】　*Cardamine dentipetala var. longifructa*

山地や丘陵地の渓谷沿いに見られ、オオバタネツケバナと非常によく似ている。茎は高さ20～50cmと大きめで、オオバタネツケバナよりもさらに茎が太くがっちりしている。茎の毛はほとんどない。葉は羽状複葉で、頂小葉が大きく、側小葉はオオバタネツケバナより切れ込みが多い。花序は総状で、花は直径0.5～0.8cmとやや大きい。長角果には毛がない。東日本に分布するオオケタネツケバナの変種で、オオケタネツケバナには長角果に毛がある。県内に広く分布している。

●花期　４～６月
●分布　**鳥・岡・広・山**　本州（近畿以西）　四国　九州

2010.4.11　尾道市因島町

【オオバタネツケバナ（大葉種漬花、別名：ヤマタネツケバナ）】 *Cardamine regeliana*

丘陵地や山地の渓谷沿いで、砂や小石の混じった場所に生える。タネツケバナに似ているが、がっちりした感じがする。茎は高さ20～40cmで毛が少ない。葉は羽状複生しており、先端の頂小葉が大きめで、頂小葉があまり大きくならないタネツケバナと区別できるが、この仲間の区別は難しい。花は直径0.4～0.6cmで、花序はあまり長く伸びない。長角果は線形で長さ1.5～2.5cm。県内では瀬戸内海沿岸部から中国山地まで広く分布しているが、人里よりもやや山の中に多く見られる。

●花期　３～６月
●分布　**中国地方全域**　千島～九州　朝鮮半島　ウスリー～アリューシャン

2006.4.22　庄原市総領町

【ワサビ（山葵）】　*Wasabia japonica*

深山の清流に生える。根茎が太く、これをすり下ろして、刺身やそばの薬味とするが、県北では葉ワサビを湯にくぐらせ醤油漬けにして食べる。茎は直立して、高さ35〜45cm。根出葉は円形で、長い柄があり、茎葉は卵形である。総状花序に直径0.8〜1cmの白い花を付ける。長角果は曲がった線形で長さ1.5〜1.7cm。県内には沿岸部から中国山地まで、広く分布しているが、かつて栽培が盛んに行われていたため、どこまでが自然分布か分からなくなっている。

●花期　４〜５月
●分布　**中国地方全域**　本州〜九州　サハリン

2009.3.29　福山市山野町

【ユリワサビ（百合山葵）】　*Wasabia tenuis*

ワサビの仲間であるが、より小型で、地下茎は細く、地上の茎は地面を這う。茎の長さは12～25cm。根生葉は心形で鋸歯が丸く、長い柄がある。茎葉の鋸歯は深くなる。花序は総状で、花は白く、直径0.6～0.8cm、花弁は4枚。長角果は長さ1～1.5cmである。ワサビ属だけあって、ワサビのつんとした辛みがあり、山菜として食用にされることもある。冬に葉が枯れた後、葉柄の付け根が残ったものが、百合根の形に似ていることから、ユリワサビと名付けられたという。

●花期　4～5月
●分布　**中国地方全域**　本州　四国　九州

2007.5.18　三次市三良坂町

【オランダガラシ（和蘭芥子、別名：クレソン）】　*Nasturtium officinale*

洋食のツマについているクレソンである。欧州から食用に持ち込まれたものが野生化し、日本全国の水辺に帰化している。苦みと辛みが好まれて、現在では山菜として利用されるほど普通になっており、県内にも広く分布するようになった。茎は水中や地際で多く枝を分け、白いひげ根を多く出し、斜上して高さ30〜50cm。葉は羽状複生して、上部の小葉ほど大きくなる。花序は総状で、花は白く直径0.4〜0.6cm。長角果は長さ1.3〜1.6cmの曲がった線形になる。

●花期　５〜６月
●分布　**中国地方全域**　原産は欧州〜アジア

2008.4.9　庄原市総領町

【オオアラセイトウ（大紫羅欄花、別名：ショカツサイ・ムラサキハナナ）】 *Orychophragmus violaceus*

アラセイトウはストックの別名である。ストックとは花の様子がやや異なるが、牧野富太郎が付けた名である。中国東部の原産で、漢名をショカツサイといい、諸葛孔明が広めたからだといわれている。日本には江戸時代に観賞用、または採油のために導入されたという。茎は高さ20～50cm。下部の葉は羽状に深裂し、茎葉は倒卵形で鋸歯がある。花は紫色で直径2～4cmと大きく、美しい。栽培もされるが、逸出して野生化したものがよく見られ、県内でも各地で記録がある。

●花期　３～５月
●分布　**中国地方全域**　原産は中国

2010.4.11　尾道市因島町

【ハマダイコン（浜大根）】 *Raphanus sativus var. raphanistroides*

栽培される大根の野生のものである。海岸の砂浜に見られ、根はハツカダイコンのような赤みがあり、あまり大きくは成長しない。以前、掘って食べようとしたが硬くてとても食べられる代物ではなかったが、辛みと香りは大根のものであった。茎は直立し、高さ30～50cm。根出葉は羽状複生して鋸歯があり、茎葉は卵形～楕円形、やや光沢がある。花序は総状で、花は直径1.2～1.8cm。淡紫色のものが多いが、ときに白色のものを見る。県内でも海岸の砂浜に普通に見られる。

●花期　４～６月
●分布　**中国地方全域**　原産は地中海沿岸

2010.5.29　庄原市東城町

【イヌガラシ（犬芥子）】　*Rorippa indica*

イヌと名が付く植物には役に立たないというものと、毛が多いというものの二通りがある。イヌガラシはカラシナに似ているが、カラシがとれないので役に立たないという意味でイヌガラシと呼ばれている。茎は直立し高さ30～60cm。葉は楕円形で柄があり、下部の葉は羽状に切れ込むことがある。鋸歯は浅く鈍い。花序は総状で、直径0.4～0.6cmの黄色い花をまばらに付ける。長角果は線形で、長さは1.6～2cm、幅1mmである。水田の畦や道端のやや乾いた場所にごく普通に見られる。県内にも広く分布している。

●花期　４～６月
●分布　**中国地方全域**　北海道～九州　朝鮮半島　中国　インド

2010.7.11　廿日市市宮島町

【ミチバタガラシ（道端芥子）】 *Rorippa dubia*

イヌガラシに非常によく似ているが、茎は分枝して斜上し、高さ10〜17cmと小型である。葉は楕円形〜卵形で柄があり、下部の葉は深く切れ込むことが多く、浅い鋸歯がある。総状花序にまばらに花を付けるが、花には花弁がなく、直径0.3〜0.4cm。緑〜紫褐色の萼の中に雄しべや雌しべがある。長角果は長さ1.7〜2.5cmで柄がある。生育環境はイヌガラシと似ているが、県内では少ない。似たものにコイヌガラシがあるが、こちらは長角果に柄がなく、葉腋に付くので見分けることができる。

●花期　５〜１０月
●分布　**島・岡・広・山** 本州〜琉球　中国　マレーシア　インド

2007.9.14　庄原市川手町

【スカシタゴボウ（透田牛蒡）】　*Rorippa islandica*

イヌガラシに似て水田の中や畦に見られる。茎は高さ35〜55cmで直立する。葉は楕円形〜披針形で基部は茎を抱き、羽状に分裂するが、ときに羽状にならないものもある。花は総状花序に直径0.2〜0.3cmの黄色い花を付ける。果実は長さ0.5〜0.8cm、幅1.5〜2.5mmで、太く短く短角果ということもある。イヌガラシとは葉が羽状になることと、葉の基部が茎を抱くこと、果実が太く短いことで区別できる。また、イヌガラシは多年草でスカシタゴボウは越年または1年草である。県内に広く分布する。

●花期　５〜６月
●分布　**中国地方全域**　千島〜九州　北半球の温帯〜暖帯に分布

2008.4.20　廿日市市吉和町

【ネコノメソウ（猫の目草）】　*Chrysosplenium grayanum*

熟した果実の上部が紡錘形に開く様子が、ネコの眼の瞳孔のように見えることからネコノメソウと名付けられた。茎は分枝して這い、先端が直立して高さ5～20cmになり、群生する。花時に根出葉はなく、茎葉は対生し、広い卵形で縁には鋸歯が見られ、長い柄がある。花茎の上部に葉が集まって付き、その上に直径0.3～0.5cmの花が数個付いている。萼は淡黄緑色で直立し、4本ある雄しべの葯は黄色である。県内では吉備高原面から中国山地にかけて渓谷などに普通に見られ、ヤマネコノメソウと似ているが、ヤマネコノメソウは茎葉が互生するので区別できる。

●花期　３～５月
●分布　**中国地方全域**　千島～九州

2010.3.28　府中市久佐町

【ヤマネコノメソウ（山猫の目草）】　*Chrysosplenium japonicum*

ネコノメソウに似ていて、山に生えるという意味でヤマネコノメソウという。といってもあまり深い山よりも里山の谷筋に見られることが多い。花茎は株立ちして直立し、高さ5～15cm。根出葉は円腎形で浅い鋸歯があり、葉柄が長い。茎と葉柄には軟らかい毛が散生している。茎葉は互生しており、ネコノメソウ属には葉が互生する種が少ないので、大きな特徴となっている。花は直径0.3～0.5cmで、萼は開出して淡緑色。おしべの葯は黄色。ネコノメソウは雄しべが4本だが、ヤマネコノメソウには8本見られ、これもよい区別点となる。吉備高原面に普通に見られる。

●花期　３～５月
●分布　**中国地方全域**　北海道～九州　中国

2010.4.10　神石郡神石高原町

【シロバナネコノメソウ（白花猫の目草）】 *Chrysosplenium album*

花が白いネコノメソウ属は、東日本に分布するハナネコノメに対して、西日本のものをシロバナネコノメソウといい、近畿地方が境目になっている。西のシロバナネコノメソウのほうが大きく、茎の高さは5～15cmになり、茎や葉柄には毛がある。葉は扇形で歯牙が5～10個あり、対生する。萼は白く、先端が鋭く尖り、雄しべとほぼ同じ長さか、少し長い。雄しべの葯は赤紫色。黄緑色など地味な花が多いネコノメソウ属の中では、美しい種である。吉備高原面に広く分布し、渓谷や落葉樹林下の湿った所などによく見られる。

●花期　４～５月
●分布　**中国地方全域**　四国　九州

2006.4.9　山県郡安芸太田町

【コガネネコノメソウ（黄金猫の目草）】 *Chrysosplenium pilosum var. sphaerospermum*

中国山地の落葉樹林帯の渓谷で、まだ木々の葉が開かない時期に、コガネネコノメソウのやさしい黄色の花が群生しているのを見ると、山にも春が来たことを感じさせてくれる。茎は直立し高さ5～10cmで、暗紫色。葉は円形～扇形で浅い歯牙があり、対生する。花は直径0.3～0.6cmで、萼片は黄色で直立する。雄しべは8本あり、葯は黄色、萼片より少し短い。花の黄色を黄金に例えてコガネネコノメソウという。萼が黄色いネコノメソウはほかに北海道にあるエゾネコノメソウぐらいしかなく、県内で黄色い萼のネコノメソウを見たらコガネネコノメソウと考えてもよい。

●花期　４～５月
●分布　**中国地方全域**　本州（関東以西）　四国　九州　済州島

2007.4.8　広島市安佐北区

【タチネコノメソウ（立猫の目草、別名：トサネコノメ）】 *Chrysosplenium tosaense*

西日本の山地に分布するネコノメソウで、ツルネコノメソウに似ているが、走出枝を地上に出して這うツルネコノメソウに対して、本種は茎が直立しているのでタチネコノメソウと名付けられた。茎は直立し、高さ5～12cm。根出葉は円腎形で浅い歯牙があり、長い葉柄がある。茎葉は互生し、下部の葉は円腎形であるが、上部のものや苞葉は扇形になり、縁には歯牙がある。地下に短い走出枝が出る。花は淡緑色で直径0.3～0.5cm。萼は開出し、雄しべは8本あって、葯は黄色。県内では中国山地沿いの渓谷などにまれに見られる。

●花期　４～５月
●分布　**鳥・岡・広**　本州（関東以西）　四国　九州

2008.4.20　山県郡安芸太田町

【ツルネコノメソウ（蔓猫の目草）】　*Chrysosplenium flagelliferum*

北方系の種で、西日本には少ないが、県内でも以前から記録はあった。しかし、標本がなかったために『広島県植物誌』では未確認とされていた種の一つである。撮影者らが新産地を発見し、存在が確認された。中国山地沿いの渓谷にまれに見られる。茎は斜上し、高さ6～10cm。花後に走出枝を盛んに伸ばすので、ツルネコノメソウと名付けられた。花時に根出葉はない。茎葉は小さく扇形で5～7の歯牙がある。花の直下にある苞葉は、ときに黄色みを帯びることがある。花は直径0.3～0.6cmで、萼片は黄緑色で開出する。雄しべは8本あり、葯は黄色。

●花期　４～５月
●分布　**中国地方全域**　千島～四国　朝鮮半島　中国　アムール　ウスリー

2009.4.19　廿日市市吉和町

【イワネコノメソウ（岩猫の目草）】 *Chrysosplenium echinus*

主に西日本の太平洋側のブナ帯に分布する種である。県内ではこれまで知られていなかったが、西部のブナ林の渓谷で発見された。非常に小型の種で、茎は直立し、高さ3～12cm。花時に根出葉はない。花後に走出枝を出すが、葉には柄があってロゼット状に集まらない。茎葉は1～2対が対生し、扇形で4～6対の明らかな鋸歯がある。花は直径0.2～0.4cm。萼は淡緑色で開出し、雄しべは8本、葯はオレンジ色である。チシマネコノメも葯がオレンジ色でよく似ているが、より北方に分布し、根生葉があることや葉の鋸歯がほとんどないことで区別できる。

●花期　４～５月

●分布　**鳥・岡・広・山**　本州　四国　九州

2009.4.19　廿日市市吉和町

【チシマネコノメ（千島猫の目）】 *Chrysosplenium kamtschaticum*

北日本に多く分布する種で、イワネコノメソウと同様に非常に小型である。茎は高さ3～20cm、紅色がかる。花時にロゼット状の根生葉があり、花茎には葉がないか、あっても1対が対生するだけである。花後に走出枝を出し、その先にロゼット状に葉を付ける。苞葉は扇形で、鋸歯は不明瞭。花は淡黄緑色で、直径0.3～0.4cm。萼片は開出する。雄しべは8本あって、葯はオレンジ色～暗赤色。最近になって県内でその存在が知られるようになった種で、西部のブナ帯の渓谷で発見された。茎葉があるものをチシマネコノメ、ないものをミチノクネコノメとする説もある。

- 花期　４～５月
- 分布　**鳥・広・山**　千島～本州（日本海側）　サハリン　カムチャツカ

2007.4.19　三次市吉舎町

【ボタンネコノメソウ（牡丹猫の目草）】 *Chrysosplenium fauriei var. kiotense*

西日本の日本海側に分布する種で、ネコノメソウ属では大きいほうである。茎は直立し高さ5～25cm、紅色を帯び、無毛。花時に根生葉があって、円形で葉柄は短く、葉脈が白っぽい。茎葉は円形で柄があり対生。苞葉は鋸歯があり卵形～長楕円形で、基部側に黄色い部分がある。花は直径0.4～0.7cm。萼は暗赤色で直立して開出しない。雄しべは8本あり、萼片より短いので花の外に出ることはない。葯は暗紅紫色。県内では中国山地のブナ帯から山麓部の落葉樹林の渓谷などで、湿った所に見られ、中国山地では最も普通に見られるネコノメソウ属である。

●花期　４～５月
●分布　**中国地方全域**　本州（岐阜県以西の日本海側）

2010.4.17　庄原市東城町

【イワボタン（岩牡丹）】　*Chrysosplenium macrostemon*

写真の左側のもので、主に太平洋側の山地に分布している種である。茎は直立して、高さ5～15cm、紅紫色を帯び無毛。花時に根出葉があり、1～2cmの葉柄があって、幅広い卵形をしている。茎葉や苞葉は卵状楕円形で鋸歯があり、葉柄が長い。葉の表面は汚れたような灰白色の斑紋があることが多い。花は直径0.5～0.8cm。萼片は黄緑色で斜めに開出する。雄しべは8本あって、萼片よりも長く、花の外に突き出している。雄しべの葯は黄色。写真右側の個体は、葯が暗赤色なので違う種のように見えるが、イワボタンの一型である。

●花期　４～５月
●分布　**島・広**　本州（太平洋側）

2009.4.12　広島市安佐北区

【ニッコウネコノメソウ（日光猫の目草）】 *Chrysosplenium macrostemon var. shiobarense*

それでなくても見分けの難しいネコノメソウの仲間であるが、イワボタンにはいくつかの変種があって、ニッコウネコノメソウはその一つである。イワボタンよりも湿った場所に生育し、花時に根生葉がない。茎の高さや葉の形はイワボタンに似ているが、花後の走出枝は多数出て、非常によく発達する。花と花の間の間隔が非常に狭く、茎の先端に大きな花が一つ咲いているように見える。萼片はよく開出して、淡黄緑色。雄しべは8本あり、萼片より長く、花の外に突き出している。雄しべの葯は暗紅紫色。吉備高原面から中国山地沿いにまれに見られる。

●花期　４～５月
●分布　**岡・広・山**　本州　四国

2010.5.5　廿日市市吉和町

【ヤシャビシャク（夜叉柄杓、別名：テンノウメ）】　*Ribes ambiguum*

樹上に着生する低木。深いブナの森にある老木の枝の股の部分や、幹にできた穴などから、垂れ下がるように生えている。柄杓はヒサゴ（ひょうたん）が転じたものだといわれ、卵球形の果実に、針のような腺毛がびっしり生えている様子を夜叉の持つひょうたんに例えている。茎は長さ50～100cm。葉は円腎形で3～5裂する。花は直径1.5～1.8cmで、長い5枚が萼、内側の短い5枚が花弁である。花の形が梅に似ていて、樹上の高い所に咲くのでテンノウメとも呼ばれる。県北のブナ林にまれに見られる。

- 花期　４～５月
- 分布　**中国地方全域**　本州　四国　九州　中国

2007.4.8　広島市安佐北区

【チャルメルソウ（哨吶草）】 *Mitella furusei var. subramosa*

チャルメルソウとは変わった名である。一度聞いたら忘れられない。夜泣きそばのチャルメラの別名だそうで、果実の形がチャルメラに似ていることから付けられた。花茎は高さ30～60cm、腺毛がある。根生葉は叢生し、広卵心形で長さ5～8cm、浅い欠刻があり深緑色、裏は赤みを帯び、葉柄とともに粗い毛が生える。花は花茎に多数付き、直径0.3～0.6cm。萼裂片は三角形で直立、花弁は羽状に細裂し開出する。雌花を付ける雌株と、雌雄のそろった両性株がある。果実はラッパ型で上に向く。県内に広く分布し、沢沿いの湿った所で普通に見られる。

●花期　４～５月
●分布　**中国地方全域**　本州（関東以西）　九州

2007.4.8　広島市安佐北区

【コチャルメルソウ（小嗩吶草）】 *Mitella pauciflora*

チャルメルソウに似て小型なのでコチャルメルソウである。花茎は分枝せず高さ10〜25cm。根生葉は叢生して心形、長さ・幅とも3〜8cmで、浅い切れ込みがあって5つの裂片に分かれる。葉の両面に粗い毛が生え、濃緑色で、葉裏は赤みを帯びることがある。葉の形は地方ごとに変異があり、花は花茎の中ほどから上に多数付き、直径0.7〜0.9cm。萼裂片は三角形で開出し、花弁は羽状に分裂し、よく開いてやや反り返る。雄しべが花弁と離れて付いていることと、葯の先端が曲がらないことが本種の特徴である。県内ではチャルメルソウよりもやや北寄りに分布し、中国山地から吉備高原面に普通に見られる。

●花期　４〜６月
●分布　**中国地方全域**　本州　四国　九州

2010.5.3　府中市久佐町

【ヤブヘビイチゴ（藪蛇苺）】 *Duchesnea indica*

名のとおり藪のやや日陰に生える。茎は長く地面を這い、2～7cmの長い葉柄の先に3小葉からなる葉を付ける。小葉は菱形に近い卵形で、鋸歯があり、側小葉の付け根側に欠刻がある。花は黄色で、直径2cm。5枚の花弁の間に見える尖ったものが蕚で、その下の3裂した幅広のものを副蕚という。ヘビイチゴの仲間は副蕚が大きいのが特徴である。果実は偽果で、赤く、つやのある直径1.3～2cmの球形をした、果托と呼ばれる部分に、ゴマ粒のような痩果がたくさん付いている。県内全域に普通に見られる。

●花期　４～６月
●分布　**中国地方全域**　北海道～九州　朝鮮半島　中国　台湾

2010.5.3　府中市久佐町

【ヘビイチゴ（蛇苺）】　*Duchesnea chrysantha*

ヘビの食うイチゴという名だが、人の食べ物ではないという意味であろう。毒はないが、甘味もない。ヤブヘビイチゴに似て、茎は長く這い、3小葉からなる葉を付けるが、葉の大きさがやや小さく、欠刻が深い。花の形もそっくりで、なかなか区別が難しいが、実をよく観察すると違いが分かる。ヘビイチゴの果托は淡紅色で、つやがなく、直径0.8～1cm。小さい痩果の表面をルーペなどで見ると、細かい粒のようなしわがたくさんある。林縁などのやや日当たりの良い所に見られ、県内にも広く分布する。

●花期　４～６月
●分布　**中国地方全域**　北海道～九州　中国　インドシナ　フィリピン　ジャワ

2010.6.6　山県郡北広島町

【ヒメヘビイチゴ（姫蛇苺）】　*Potentilla centigrana*

山地の湿った所に生える。県内には数か所から古い記録があったが、標本が見つからなかったために、幻の植物の一つといわれていた。近年、県北の湿地で発見され、自生が確認された。茎は長く這い、毛が多い。葉は3小葉からなり、薄く、裏面は緑白色で、葉脈に毛があり、縁には荒い鋸歯が見られる。花は長さ1〜4cmの花柄に付き、直径0.7cm。5枚の花弁は黄色。萼片と副萼片は細く尖り、形も長さもほぼ同じである。果托はヘビイチゴのように大きくならず、痩果には縦の線が少数見られる。

●花期　６〜８月
●分布　**島・岡・広**　北海道〜琉球

2008.4.27　庄原市高野町

【キジムシロ（雉蓆）】 *Potentilla fragarioides var. major*

2003.4.18　まれに八重もある

野原の日当たりの良い所に、円い座布団のように葉を広げる様子を見ると、いかにもキジがやってきて座り込みそうな気がする。植物体全体に荒い毛が生えている。根出葉は3～9小葉からなり、下部の小葉は次第に小さくなり、縁には鋸歯がある。花茎は長さ5～30cmでやや這って斜上し、集散状に花をたくさん付ける。花は黄色で、直径1.5～2cm。

●花期　４～８月
●分布　**中国地方全域**　北海道～琉球　朝鮮半島　中国　サハリン　シベリア

2003.5.13　庄原市実留町

【オヘビイチゴ（雄蛇苺）】　*Potentilla sundaica var. robusta*

水田の畦や道端などにごく普通に見られる。多くの茎を叢生し、茎は地上を這って斜上する。長さは20～40cm。葉は5枚の小葉が掌状に付いており、これが本種の特徴となっている。葉の縁には鋸歯があり、裏面には葉脈上に毛が少し生えている。茎の先端に集散花序を付け、直径1cmの黄色5枚の花弁からなる花を咲かせる。萼片は卵形で、副萼はない。ヘビイチゴに似て大きく、葉が厚く頑丈そうに見えるところから、雄のヘビイチゴという意味で名付けられたようである。

●花期　５～６月
●分布　**中国地方全域**　本州～九州　朝鮮半島　中国　マレーシア　インド

2004.4.5　庄原市総領町

【ミツバツチグリ（三葉土栗）】　*Potentilla freyniana*

ツチグリは同じキジムシロ属の別種で、地下に太く塊状に肥厚した根を持つことから土の中の栗という意味でツチグリと呼ばれている。本種はそれに似ているが、ツチグリの葉が3〜9小葉の羽状複葉なのに対して、ミツバツチグリの葉は3小葉からなり、これが名前の由来となっている。根の肥厚もわずかである。花は黄色で、直径1〜1.5cm。萼片より副萼片が少し小さい。花の後に長い走出枝を伸ばす性質がある。丘陵地の日当たりの良い場所にごく普通に見られ、県内にも広く分布している。

●花期　４〜６月
●分布　**中国地方全域**　北海道〜九州　朝鮮半島　中国　アムール

2006.5.12　神石郡神石高原町

【テリハキンバイ（照葉金梅）】　*Potentilla riparia*

丘陵地の日当たりの良い所にまれに見られる。ミツバツチグリによく似ており紛らわしい。根茎はほとんど肥厚せず、花後の走出枝が非常に長く伸びる。葉は3小葉からなるが、薄く硬い感じがして表面につやがある。テリハキンバイの名はこのつやからきている。葉の裏面に葉脈の枝分かれした側脈が出っ張らないことや、苞葉の付け根の托葉が披針形で1～2の歯牙があること、雄しべの葯が円形であることなどが他の種と見分ける特徴である。県内では主に吉備高原面に分布している。

●花期　４～６月
●分布　**岡・広・山**　本州（近畿以西）

2010.6.6　山県郡北広島町

【ツルキンバイ（蔓金梅）】　*Potentilla yokusaiana*

丘陵地の谷筋にごくまれに見られる。花後の走出枝は非常に長く伸び、これが名の由来になっている。ツルキンバイもミツバツチグリに似ていて、なかなか区別しにくい。花は大きく、直径1.5～2cmになる。萼片と副萼片は披針形でほぼ同じ長さである。ミツバツチグリの小葉は倒卵状で鋸歯が低いのに対して、ツルキンバイの小葉は卵形で鋸歯が大きく鋭い。また、根出葉と茎葉の大きさが同じか、茎葉がやや大きめなのも本種の特徴である。形が梅の花に似た黄色い花を付けるので、キジムシロ属にはキンバイと名の付くものが多い。

- 花期　４～６月
- 分布　**広**　本州　四国　九州　済州島

2006.4.28　庄原市総領町

【クサイチゴ（草苺、別名：ワセイチゴ、ナベイチゴ）】 *Rubus hirsutus*

キイチゴの仲間なので低木であるが、茎の高さ20〜60cmと小型で、茎が細く、とても木には見えない。クサイチゴの名もそこからきている。茎には赤みのある腺毛と短く白い軟毛が多く、まばらに鋭い棘がある。葉は羽状複葉で、小葉は3〜5枚。小葉には細かい鋸歯があり卵形で、葉脈が目立ち、両面に柔らかい毛があって、裏面の主脈には棘がある。花は白く、直径4cmで、花弁は5枚。果実は直径1mmの大きさで、多数集まって、直径1cmの集合果をつくる。甘酸っぱく、おいしい。

●花期　３〜４月
●分布　**中国地方全域**　本州　四国　九州　朝鮮半島　中国

2005.4.25　庄原市東本町

【ゲンゲ（紫雲英、別名：レンゲソウ）】　*Astragalus sinicus*

秋から春に水田で緑肥として栽培されており、道端や畑地に野生化しているのをよく目にする。レンゲと言ったほうがとおりがよいだろう。茎は基部で多数の枝に分かれ、長く地面を這う。先端は立ち上がり、高さ10～25cm。葉は羽状複葉で、小葉は9～11枚あり、全縁で質は薄い。葉腋から長さ10～20cmで断面が四角の柄を伸ばし、その先に長さ1.2cmで紅紫色の花を7～10個、輪状に付ける。この様子がハスの花の形に似ているので蓮華と呼ばれるが、これがなまってゲンゲになったといわれている。まれに白い花のものもある。

●花期　４～５月
●分布　**中国地方全域**　原産は中国

2003.5.24　三次市君田町

【ミヤコグサ（都草）】 *Lotus corniculatus var. japonicus*

人里の雑草で、ムギの栽培とともに日本にやってきた史前帰化植物だといわれる。外来のものであれば、その当時は都の周辺に多かったことが考えられ、都に生える草だからミヤコグサになったのではないかといわれている。茎は地面を長く這い、立ち上がって高さ15～35cmになる。葉は5小葉からなる羽状複葉であるが、下の2枚は茎に接して付くので、3小葉のように見える。花は黄色で、長さ1.5cm。葉腋から出る長い柄の先に1～3個ずつ付く。県内全域に普通に見られる。

●花期　4～10月
●分布　**中国地方全域**　北海道～琉球　朝鮮半島　中国　台湾　ヒマラヤ

2007.5.25　庄原市上原町

【レンリソウ（連理草）】　*Lathyrus quinquenervius*

白居易の「長恨歌」にある「連理の枝」は「比翼の鳥」とともに夫婦和合の象徴である。理は木目のことで、2本の木の枝が一つにつながった様子である。レンリソウは葉が偶数羽状複葉で、2～6小葉からなり、対になる小葉は斜めに立ち、Vの字に見える。この形が仲むつまじい男女を連想させるのだという。茎は直立し、高さ30～80cmで、3つの稜があって角張り、稜の上に翼がある。葉の付け根から長い柄を出して2～8個の花を付ける。花は紫色で、長さ1.5～2cm。吉備高原面の路傍にまれに見られる。

●花期　5～6月
●分布　**広**　北海道～本州（日本海側）　対馬　朝鮮半島　中国　シベリア

2009.5.30　庄原市一木町

【シロツメクサ（白詰草、別名：クローバー）】 *Trifolium repens*

子どもの頃に一生懸命、四つ葉を探したクローバーは、欧州原産の帰化植物である。江戸時代にオランダ渡来のガラス器の入った荷物の隙間に詰め物として入れられ、種が入ってきたのが最初だといわれる。花が白いことからシロツメクサになった。茎は枝分かれしながら長く地面を這い、互生する長さ5～15cmの葉柄に3小葉からなる葉を付ける。小葉は倒卵形で全縁。薄く、白い斑が入ることがある。花茎は葉柄よりもさらに長く、白色で長さ1cmの花を多数輪生させる。県内全域に広く分布する。

●花期　４～７月
●分布　**中国地方全域**　原産は欧州～西アジア　温帯から熱帯に広く帰化

2005.8.27　庄原市掛田町

【ムラサキツメクサ（紫詰草、別名：アカツメクサ）】 *Trifolium pratense*

シロツメクサに似て花が紅紫色なのでムラサキツメクサまたはアカツメクサという。畑地や道端などの日当たりの良い所に見られる。シロツメクサより頑丈で背が高く、茎は直立し、高さ30～60cm、褐色の軟らかい毛がある。葉は3小葉からなる。小葉は楕円形で白い斑紋があり、裏面に褐色軟毛をもつ。花は茎の先端に頭状に集まって付き、長さ1.3～1.5cmで紅紫色、まれに白色。帰化植物で、明治時代に牧草として導入したのが始まりだといわれる。県内にも広く分布している。

●花期　６～９月
●分布　**中国地方全域**　原産は欧州～西アジア　世界の温帯に広く帰化

2010.5.4　府中市上下町

【コメツブツメクサ（米粒詰草）】 *Trifolium dubium*

道端や河川敷などのやや乾いた日当たりの良い所に群生する。黄色いボンボンのような花はかわいらしい。茎は紅紫色を帯び、長さ15〜40cmで、地面を這うか直立する。浅い鋸歯をもち、倒卵形で先端が少しへこんだ3小葉からなる葉を互生している。茎や葉はほぼ無毛。花は黄色で長さ0.3〜0.4cm。しおれた花の中に実ができる。コメツブウマゴヤシというウマゴヤシ属の帰化植物に似ているが、シロツメクサの仲間なのでコメツブツメクサと名付けられた。似た種が多く非常に紛らわしい。

●花期　４〜７月
●分布　**中国地方全域**　原産は欧州〜西アジア　中国にも帰化

2010.4.18　呉市豊浜町

【ヤハズエンドウ（矢筈豌豆、別名：カラスノエンドウ）】　*Vicia angustifolia*

ヤハズエンドウは小葉の先端がへこむことから、弓の弦にかける部分のような形という意味で名付けられた。しかし、一般的にはカラスノエンドウのほうがとおりがよい。熟した豆果がカラスのように黒いのでカラスの名がある。エンドウといいながら、ソラマメの仲間である。茎は断面が四角形で、高さ50～100cm。偶数羽状複葉の小葉は4～8対で先端はへこむが、葉脈の先が尖って飛び出している。巻きひげは3つに分かれる。葉の付け根にある托葉に切れ込みがあり、蜜腺が見られる。日当たりの良い路傍などで普通に見かける。

●花期　４～６月
●分布　**中国地方全域**　本州～九州　ユーラシアの暖帯

2007.4.24　庄原市掛田町

【カスマグサ（かす間草）】　*Vicia tetrasperma*

カラスとスズメの間なのでカスマグサという変な名前である。茎は高さ30～60cm。8～12対の小葉がある偶数羽状複葉で、小葉の先端は丸みがあるが、少し尖っている。頂小葉が変化した巻きひげは分かれないか、2つに分かれる。花は細長い柄に1～3個、やや間をあけて付き、薄紫で脈は紫が濃い。豆の莢は無毛で、4～6個の種子が入っている。スズメノエンドウと似た環境に見られ、一緒に生えていることもあるが、スズメノエンドウのほうがより乾燥に耐える性質がある。

●花期　４～５月
●分布　**中国地方全域**　本州～琉球　ユーラシアの暖帯～亜熱帯に分布

2007.4.24　庄原市是松町

【スズメノエンドウ（雀野豌豆）】　*Vicia hirsuta*

ヤハズエンドウの別名カラスノエンドウに対して、小さいことからスズメノエンドウという。「ノ」は助詞の「の」かと思ったら野原の野であった。日当りの良い野原や道端に生え、茎は高さ30～50cm。葉は偶数羽状複葉で、小葉は6～8対あり、小葉の先端は切れたように平らで、葉脈の先端が針状に飛び出している。頂小葉の代わりに巻きひげがあり、先が3つに分かれ、周りのものに巻き付く。花は太い柄の先に3～7個付き、紫がかった白で長さ0.3～0.4cm。豆の莢（豆果）に毛があり、2個の種子が入っている。

●花期　４～６月
●分布　**中国地方全域**　本州～九州　ユーラシアの暖帯　北アフリカ

2007.5.8　庄原市西本町

【カタバミ（傍食）】　*Oxalis corniclata*

傍食の名は夕方になって葉が閉じると、一方が欠けて見えることによる。カタバミ科の植物は、蓚酸を含み噛むと酸味がある。高さ10～20cm。茎は根元から何本も出て地を這う。葉はハート形の3枚の小葉からなる。小葉の長さ約1cm。花は約8mmの黄色で枝先に数個付く。花後、小花柄は下を向き、その先に円柱形の蒴果が上向きに付く。熟すと5裂し種子を飛ばす。葉全体が赤紫色のものを、アカカタバミという。花びらの基部に赤斑がある。庭、道端、アスファルトの隙間など、どこにでも生える。

●花期　５～７月
●分布　**中国地方全域**　熱帯から温帯にかけて世界的に分布

2006.4.9　広島市安佐北区

【ミヤマカタバミ（深山傍食）】 *Oxalis griffithii*

丈の割に大きな花が咲く。登山道での出会いはうれしい。地下茎は太く、古い葉柄の基部に包まれる。高さ6～10cm。葉柄、葉の裏面、花柄、萼片、苞には多くの毛がある。葉柄は太く、葉は3枚の小葉からなる。小葉はハート形、先端はへこむ。幅1～2.5cm。裏面は紫色を帯びることがある。花は2～3cm。白色～淡紅紫色。5枚の花びらの先は少しへこみ、淡紫色の条が入る。蒴果は楕円形で長さ約2cm。花が終わると、閉鎖花を出して果実をつくる。閉鎖花は卵形で5～6mm。山地の林内や林縁に群生する。曇りや雨の日は開かない。

●花期　３～４月
●分布　**中国地方全域**　本州（東海地方南部～中国地方）　四国　中国　ヒマラヤ

2006.7.2　広島市南区

【ムラサキカタバミ（紫傍食）】 *Oxalis corymbosa*

帰化植物。観賞用に輸入されたものが、逸出し野生化した。高さ15～25cm。地下の鱗茎に多くの子球をつくって増える。葉は3枚の小葉からなり、小葉は丸いハート形、幅2～4.5cm。花茎は葉より長く、花は1.5～2cmで紅紫色、花茎の先に数個付ける。5枚の花びらはやや細く濃い紫の条がある。花の中心は淡黄緑色で葯が白色。花粉はできない。果実は稔らない。萼は長楕円形で、先に2個の腺点がある。南米原産。日本には江戸末期、渡来したという。空き地や畑、庭、公園などに広がり、害草化している。

●花期　５～７月
●分布　**中国地方全域**　世界の亜熱帯、温帯に広く帰化

2007.11.4　尾道市向島町

【ハナカタバミ（花傍食）】　*Oxalis bowieana*

帰化植物。観賞用にも栽培されているが、逸出し野生化している。高さ15～30cm。根は紡錘形。花柄、葉柄、葉の裏面、萼などに腺毛があるのが特徴。類似のイモカタバミは花茎、葉柄が無毛なので識別できる。葉は3枚の小葉からなる。小葉は円形で長さ・幅ともに3～5cm、先端が少しくぼみ厚い。花は約3cmと大きく濃紅紫色。花びらは倒卵形で花が円い。花の中心は淡黄緑色、花茎の先に10個ほど付ける。南アフリカ原産。江戸時代の末以降渡来し四国、九州などの暖地で野生化している。

●花期　7～11月
●分布　**鳥・岡・広・山**　四国　九州　南アフリカなど世界各地に分布

2009.3.8　呉市豊町

【ナガミオランダフウロ（長実和蘭風露、別名：ツノミオランダフウロ）】 *Erodium botrys*

帰化植物。1957年に三重県津市で発見された。全体に毛や腺毛がある。高さ5〜40cm。茎は太く斜上する。根生葉は長楕円形で鋸歯がある。茎に付く葉は対生で、長さ約5cm。羽状に深く切れ込み、3〜4対の側裂片がある。葉腋から長い花序を出し、数個の花を付ける。花は1〜1.5cm、淡紅紫色で濃い紫色の条がある。萼片は長さ10〜13mm、先端に短い棒状突起があり、外側に腺毛がある。果実は長さ5〜11cmの長い嘴状になる。成熟時に5裂する。平地の乾燥した所に生えるが、県内ではまだ多くない。

●花期　３〜７月

●分布　**岡・広**　本州（神奈川・三重県　京都府　兵庫県に帰化）　原産は欧州南部

2010.5.9　大竹市防鹿

【アメリカフウロ（亜米利加風露）】　*Geranium carolinianum*

帰化植物。1933年京都で発見された。全体に腺毛や毛がある。高さ10～40cm。よく枝分かれし、赤色を帯びることもある。葉柄は長く、葉は円形で葉の幅3～4cm、掌状に深く切れ込み、裂片はさらに細く切れ込む。縁は紫色を帯びる。花は小さく約5mm、淡紅色～白色。茎頂および枝先に数個付ける。花弁は萼片と同長かやや短く、先が少しくぼむ。萼片は長さ約5mm、3脈があり毛が多い。果実の嘴は長さ1.5～2cm、成熟する頃、葉は赤くなることがある。道端や畑の縁などに生える。

●花期　5～6月
●分布　**中国地方全域**　日本全土　原産は北米

2007.4.15　神石郡神石高原町

【トウダイグサ（灯台草）】　*Euphorbia helioscopia*

全体の姿が、油を入れた皿を置く昔の灯台に似ている。高さ20〜40cm。この仲間は、茎や葉を切ると白い乳液を出すものが多い。花は目立たない。茎に付く葉はへら形、長さ1〜3cm、縁に鋸歯がある。茎の先に付く葉は、やや大型で5枚が輪生状に付き、そこから枝を放射状に出す。枝先の総苞は黄緑色で、その上に杯状花序（杯の形をした総苞の中に、花弁も萼もない雄花と雌花が入っている）が付く。腺体は楕円形。子房は平滑。蒴果は約3mm。日当たりの良い畑の縁や、道端に生える。

●花期　４〜６月
●分布　**中国地方全域**　本州〜九州　北半球の温帯〜暖帯に分布

2004.5.4　庄原市木戸町

【タカトウダイ（高灯台）】　*Euphorbia pekinensis*

名前のとおり高くなるが、県内のものはあまり大きくない。高さ30～80cm。分布が広く、毛や鋸歯の有無など非常に変異が多い。茎に付く葉は互生、披針形～長楕円状被針形。長さ3～8cm、幅5～7mm。茎の先に付く葉は、少し小さくて5枚が輪生する。そこから枝を出す。花（杯状花序）は初め総苞に包まれている。総苞は広卵形～卵円形で長さ0.5～1.2cm。腺体は広楕円形。子房の表面に、いぼ状の突起があるのが特徴。葉は秋には紅葉する。県内では、東部の限られた所に生育している。

●花期　５～６月
●分布　**岡・広・山**　本州～九州　朝鮮半島　中国

2010.6.6　山県郡北広島町

【ナツトウダイ（夏灯台）】 *Euphorbia siebordiana*

名前は夏だが花は春。芽生えの頃、茎や葉は赤みを帯びている。トウダイグサの仲間では、最も早く花が咲く。高さ20～40cm。茎に付く葉は互生で、倒披針形～長楕円形。茎の先に4～5枚の葉が輪生する。互生葉と輪生葉はほぼ同型、長さ2～6cm、幅0.7～2cm。輪生葉のそばから枝が出て、杯状花序を付け、二叉分枝を繰り返す。花序の下の総苞は三角形。腺体は紅紫色で三日月形、両端は細く尖る。子房も蒴果も平滑。秋、黄葉する。県内では北部の山地、林床、林縁で見ることが多い。

●花期　４～５月
●分布　**中国地方全域**　北海道～九州　朝鮮半島

2006.5.5　廿日市市宮島町

【イワタイゲキ（岩大戟）】 *Euphorbia jolkinii*

大戟は中国に生えるトウダイグサ属の植物。群生して株立ちになる。地下茎がよく発達する。春、花が終わると枯れて、秋、芽が出て成長しながら冬を越す。高さ30～50cm。葉は茎にたくさん付き、長楕円形～倒披針形。長さ5～8cm、幅0.6～1.2cm。茎の先に付く輪生葉の葉腋から数本の枝が出る。総苞は楕円形、長さ1～3cmで黄色。遠くから見ると総苞が花のように見える。その総苞の上に杯状花序を付ける。腺体は扁平扇形。子房、蒴果には、いぼ状突起がある。県内では西部海岸で生育しているが少ない。

- 花期　4～5月
- 分布　**島・岡・広・山**　本州（関東南部以南）～琉球　朝鮮半島南部　中国　台湾

2010.5.8　三次市

【ノウルシ（野漆）】 *Euphorbia adenochlora*

茎を切ると白い乳液が出て、ウルシと同じようにかぶれることから名が付いた。川岸や湖沼などの湿地に生え群落をつくる。茎は太く、高さ30～40cm。茎に付く葉は互生、狭長楕円形～披針形。長さ4～9cm。茎の先に付く、5枚の輪生葉の葉腋から枝を出し、その先に杯状花序を付ける。花序の下の総苞は、鮮やかな黄色で遠くから見ると花のように見える。腺体は2mm、腎形で黄色。子房、蒴果には円錐状の突起がある。湿地を好み、生えている所が乾燥するとなくなる。県内では1か所、川岸に生えている。

●花期　４～５月
●分布　**岡・広**　北海道～九州

2010.3.28　福山市山野町

【ヤマアイ（山藍）】 *Mercurialis leiocarpa*

山に生える藍の意味。昔は染料として使われていたが、青藍は含まないので、緑色に染まっていた（一般的な藍染めはタデ科のアイ、キツネノマゴ科のリュウキュウアイ）。地下茎は繰り返し分枝して長く、乾くと淡紫色になる。茎の高さ30〜40cm、切り口は4角形。雌雄異株。葉は対生で卵状楕円形、長さ6〜12cm。濃緑色で葉の基部に腺があり表面は有毛。葉腋から花序を出し、緑色の小さな花を付ける。花には花びらがなく、花びらのように見えるのは３枚の萼。写真は雄花で、たくさんの雄しべが見える。林床や林縁の木陰に生え群生する。

●花期　３〜４月
●分布　**中国地方全域**　本州〜琉球

2006.5.16　庄原市掛田町

【ヒメハギ（姫萩）】　*Polygala japonica*

見た瞬間、これほど小さなハギがあるのかと思った。高さは10～20cm。花の色や形からハギを想像したが、ハギの仲間ではない。根ぎわから数本の茎が出て、小さな株をつくっている。茎は細く、毛があるので白っぽく見える。葉は楕円形で約1cm、冬も枯れずに残る。茎の途中に短い花穂が出て、数個の花が付く。花の大きさは約1cm。花びらのように見える左右の大きい2枚は萼。本当の花びらは3枚で筒になっている。下の花びらの先は、細かく裂けて房のようになる。日当たりの良い、乾き気味の所に生える。

●花期　４～７月　　●分布　**中国地方全域**　北海道～琉球　朝鮮半島　中国　フィリピン　インドシナ　ヒマラヤ

2006.4.17　庄原市宮内町

【フッキソウ（富貴草）】　*Pachysandra terminalis*

「富貴草」と書く漢字から、なんとなく優雅な植物を想像していた。それに県内ではまれな植物なので出会いを楽しみにしていたが、思いがけず民家の庭に植えているものを見た。常緑の葉が茂る様子を繁栄に例えて植えるという。茎の下部は地を這い、上部は立って高さ20～30cm。葉はやや菱形、長さ3～6cm。厚く、縁には大きな鋸歯がある。花序は3～5cm。花には雄花と雌花があるが、どちらにも花びらはない。花序の上部でたくさん咲くのが雄花、雌花は下部に付く。県内では東部の、林内や林縁で見るが少ない。

●花期　３～４月
●分布　**中国地方全域**　北海道～九州　中国

2009.5.2　庄原市西城町

【ダイセンキスミレ（大山黄菫）】　*Viola brevistipulata var. minor*

鳥取県の大山の名が付いた。日本海側の多雪地帯に分布する、オオバキスミレの矮小型で、オオバキスミレの高さは5～20cm、ダイセンキスミレの高さは3～8cm。茎は暗赤褐色で短毛がある。葉は円状心形、茎の上部に3枚付き、長さ・幅とも1～2cm。厚く光沢があり、葉脈はへこみ、基部は紫色。縁には鋸歯がある。花は約1.3cm、黄色で側弁は有毛、唇弁には紫色の条がある。距は1mm以内で短い。大山を中心に中国山地の標高700～1600mに分布し、県内では、中国山地東部の日当たりの良い、草原や岩場に生育する。

●花期　４～５月
●分布　**鳥・島・岡・広**

2002.4.14　三次市君田町

【タチツボスミレ（立坪菫）】　*Viola grypoceras*

日本を代表するスミレの一つ。咲き始めは地上茎が目立たず、花茎も葉も地面から出るが、次第に茎を伸ばし、茎上に葉や花を付けるようになる。高さ5～15cm、茎に付く托葉は櫛状に切れ込む。葉の形や大きさは、根生葉も茎生葉もほぼ同じで心形～円形、長さ・幅とも2～4cm、先が急に細く突き出る。縁には浅い鋸歯がある。花は1.5～2cmで淡紫色。側弁と唇弁には紫色の条がある。距は花と同色、6～7mmで細く長い。北海道から沖縄まで分布の広いスミレで、県内では人家周辺から低山地まで広く生育する。

●花期　４～５月
●分布　**中国地方全域**　北海道～琉球　朝鮮半島南部　中国（中部）　台湾

2010.4.25　庄原市東城町

【タチツボスミレ山陰型（立坪菫山陰型）】　*Viola sp.*

タチツボスミレに似ているが全体が小さい。高さ5〜10cm。茎はやや倒れ気味。葉は三角形、長さ・幅とも1〜2cmで、縁に鋸歯がある。基部が切形であることや葉脈が不明瞭なことで、タチツボスミレと区別できる。花は淡紫色、約1.5cmと小さいが、花弁の幅は広く、唇弁は紫色の条がある。従来コタチツボスミレとされていたが、それとは異なるものと考えられており、まだ分類状の位置づけがはっきりしていない。分布の中心は西日本の日本海側とされるが、県内では瀬戸内側に広く分布し、タチツボスミレと混生もするが、タチツボスミレより、やや高所の乾いた所で見る。

●花期　４〜５月
●分布　**中国地方全域**　本州（主に日本海側）四国　九州

2010.5.15　庄原市西城町

【ツルタチツボスミレ（蔓立坪菫）】 *Viola grypoceras var. rhizomata*

茎を蔓状に伸ばす。蕾の頃は、まだ半分ぐらい落葉の中に埋まっている。高さ5～8cm。花時には、越冬した前年の茎が長く伸び、多くは、その先端に新株を付けるので、クモの巣のように広がっている。葉は腎形～3角形、長さ・幅とも1.5～2cm。基部は切形か浅い心形。縁には鋸歯がある。越冬葉には光沢がないが、若い葉にはある。花は約1.5cm、淡紫色。唇弁には紫色の条がある。距は長さ5～7mm、細くやや上向き。花後、茎は約30cmまで伸びる。県内では、東部ブナ林の林床で見る。

●花期　5月
●分布　**鳥・岡・広**　本州日本海側（新潟県～京都府）

2006.4.23　庄原市東城町

【ケイリュウタチツボスミレ（渓流立坪菫）】 *Viola grypoceras var. ripensis*

タチツボスミレの渓流型変種。環境に適応して、地下茎はよく発達し細根も多い。節間は短く、高さ5〜10cm。株立ちになる。葉は3角形、長さ・幅とも1〜2.5cm。光沢があり、基部は切形〜浅い心形、縁には鋸歯がある。花後の茎葉の基部は切形〜くさび形になり、菱形に近い形をしている。花は約1.5cmで淡紫色。唇弁には紫色の条がある。距は上向き。タチツボスミレに似るが、花弁はやや細い。県内では北部や、東北部の河川中流域に生育。増水すると完全に冠水する岩上の苔の中に咲いていた。

●花期　４月
●分布　**岡・広・山**　本州（神奈川・長野・富山県・京都府）

2008.4.27　庄原市口和町

【ニオイタチツボスミレ（匂立坪菫）】 *Viola obtusa*

春、たくさんのスミレが咲くが、香りをあまり感じたことがなかった。この花に香りがあるというので嗅いでみた。咲き始めの花に、かすかに香りがあった。花弁が重なり合うように咲き、花が円く、かわいい。全体に白い短毛がある。高さ5〜15cm。葉は広卵形、長さ1.5〜3cm。花時には地上茎がないように見えるが、花後伸びる。花は1.5〜2cm。濃紫色〜紫紅色。中心部は白く、抜けたようになり、唇弁には紫色の条がある。距は長さ6〜8mm。花柄に白い微毛がある。県内では、内陸や北部の山地、林縁で見る。

●花期　４〜５月
●分布　**中国地方全域**　北海道西南部〜九州

2010.3.21　安芸高田市甲田町

【ナガバタチツボスミレ（長葉立坪菫）】 *Viola ovato-oblonga*

根生葉は心形だが、茎生葉が長くなる。咲き始めの頃は、地上茎は目立たず、地面から根生葉と花柄が出て花が咲く。ナガバノタチツボスミレとは思えないが、そばに昨年の枯れた姿が残っていることがある。高さ10～20ｃｍ。根生葉は円心形2～3cm、茎生葉は細長い3角形で3～4cm。脈が紫色を帯び、托葉は粗く裂ける。花は1.5～2cm、淡紫色～濃紫色。唇弁には紫色の条がある。距は長さ7～9mmと長い。花後茎は20～40cmにも伸び、葉も長くなる。低山や林縁、草原などに広く生育する。

●花期　４～５月
●分布　**中国地方全域**　本州（中部以西）～九州　朝鮮半島南部

2009.5.4　神石郡神石高原町

【オオタチツボスミレ（大立坪菫）】 *Viola kusanoana*

タチツボスミレより大型。大きな株立ちになる。茎は太く節間も長い。高さ10～20cm、花後の大きいものは30～40cmになる。葉は根生葉も茎生葉もほぼ同じで円心形、長さ3～5cm。葉脈がへこみ、表面がぼこぼこする。縁は鋸歯があり波打つ。基部は深い心形で、両片が重なり合うようになる。花柄はほとんど地上茎の途中から出る。花は2～2.5cmと大きい。淡紫色～濃紫色。唇弁には紫色の条がある。距は長さ5～8mm、白色が特徴。日本海側の多雪地帯に分布する。県内では山地の湿った所で見る。

●花期　４～５月　●分布　**中国地方全域**　南千島　北海道　本州（日本海側）　九州北部　朝鮮半島

2005.5.9　三次市君田町

【ツボスミレ（坪菫、別名：ニョイスミレ）】　*Viola verecunda*

坪は庭の意味で、ツボスミレはもともと、タチツボスミレのことである。牧野富太郎の提唱により、ニョイスミレともいわれるようになった。花期は少し遅い。同じ場所で、ほかのスミレが咲いているのに、ツボスミレはまだ咲かない。高さ5～25cm。葉は心形～腎形、長さ1～3cm、幅2～3cm。托葉の切れ込みがほとんどない。花は約1cm、小さく白色で花弁も細い。上弁が反り返り、側弁は有毛。唇弁には紫色の条がある。距は1～2mmの球形。国内に広く分布する。県内でも、野山のやや湿った所でよく見る。

●花期　４月中旬～６月　　●分布　**中国地方全域**　南千島　北海道～九州　朝鮮半島　中国　アムール　ウスリー　サハリン

2005.6.5　世羅郡世羅町

【ヒメアギスミレ（姫顎菫）】 *Viola verecunda var. subaequiloba*

ツボスミレの変種。植物の名前に姫が付くのは、小さいという意味で使われることが多い。アギはあご（顎）の転訛で、葉の基部の左右が張り出すことによる。中部地方以北に分布するアギスミレより小さい。花時の葉は長卵形、長さ1.5～2.5cm、基部は深い心形で花後は半月形になる。高さ5～10cm、茎が地表を這い、根を出すのが特徴。花後は長くなる。花は約8mmと小さく、白色で多くの紫色の条が入る。花の頃までは、ツボスミレとの区別は難しいが、ヒメアギスミレは湿地に生育する。

●花期　５～６月
●分布　**中国地方全域**　本州（近畿以西）～九州

2007.4.14　神石郡神石高原町

【イブキスミレ（伊吹菫）】　*Viola mirabilis var. subglabra*

滋賀県の伊吹山で発見された。スミレの仲間は大きく分けて、茎のないものと、あるものに分かれる。イブキスミレは、花期には茎がなく、花後、茎が伸び、先端に2枚の葉を付ける。その上に閉鎖花が出て、果実になるのが特徴。高さ8～12cm。葉は卵状心形、長さ・幅とも1.5～3cm。出始めの葉は、へりの両端が表面に巻き、次第に開く。葉脈はへこむ。花は約2cmで淡紫色、側弁は有毛、唇弁に紫色の条がある。花はほとんど結実しない。距は長さ約7mmで白色。花期がやや早く、県東部の石灰岩地に生育する。

- 花期　３月下旬～４月
- 分布　**岡・広**　本州（青森県～広島県　隔離分布する）

2004.3.28　庄原市上原町

【アオイスミレ（葵菫）】　*Viola hondoenisis*

葉の形がウマノスズクサ科のフタバアオイに似ているのでこの名が付いた。高さ3〜8cm。全体に毛が多い。花期に越冬葉が残っている。葉は円心形、長さ・幅とも約2cm。花後大きくなる。花は1〜1.5cm、淡紫色。上弁は反り返り、側弁は有毛で閉じ気味。唇弁は紫色の条がある。距は3〜4.5mm。花後、匍匐茎を伸ばし先端に新株をつくる。蒴果は約6mm、球形で有毛。果柄が曲がり地面上で成熟して弾ける。アリの好む種枕が大きい。花期が早く花は地味なので、出会うことが少ない。丘陵や低山、林縁などで見る。

●花期　３〜４月

●分布　**中国地方全域**　本州〜九州　朝鮮半島

2010.4.25　庄原市東城町

【エゾアオイスミレ（蝦夷葵菫）】　*Viola collina*

アオイスミレに似ている。アオイスミレとの違いは、花がアオイスミレより透明感のある青紫色で、花期が約1か月遅い。葉は冬に枯れ、春に葉と花が一緒に展開する。匍匐茎を出さない。根生葉の先端が突出する。やっと出会えたエゾアオイスミレは、力強く土をかぶって咲いていた。中には花の白いものもある。県東部の標高1000mぐらいの所で咲いていた。

2010.4.25　白花

●花期　4月下旬～5月
●分布　**広**　南千島　北海道　本州中北部　朝鮮半島　中国（東北）　サハリン

2006.4.29　庄原市口和町

【スミレサイシン（菫細辛）】　*Viola vaginata*

葉がウマノスズクサ科のウスバサイシンに似ていることから名が付いた。地下茎が太くて長いので、地方によっては、たたいたり、おろしたりして食べる。高さ5～15cm。葉と花は同時に展開する。花の咲き始めの頃、両側から表面に巻いた葉がある。葉は長卵状心形、先端は急に細くなり尖る。長さ5～8cm。基部は深い心形。縁には浅い鋸歯がある。花後大きくなる。花は2～2.5cm。大きく見ごたえがある。淡紫色で唇弁には紫色の条がある。距は長さ4～5mm、太く短い。県北部の山地の林床、林縁で見る。

- 花期　4～5月
- 分布　**中国地方全域**　北海道西南部および本州の主として日本海側

2010.5.5　廿日市市吉和町

【シコクスミレ（四国菫）】　*Viola shikokiana*

四国で最初に発見された。地下茎を横に伸ばし群生する。ソハヤキ要素（東海地方から九州までの太平洋側に分布する植物のグループ）の一つ。高さ約5cm。葉は心形、長さ2〜4cm。光沢があり、脈はへこむ。先端は短く尖り、縁には浅い鋸歯がある。基部は深い心形。花は約1.5cmで白色、唇弁には紫色の条がある。距は2〜3mmで短い。花弁がそろい、花が四角っぽく見える。萼片の付属体に切れ込みがある。県内では標高400〜1000mぐらいの所に点在するが少ない。標高の低い所では、花付きが悪いように思う。

●花期　４〜５月
●分布　**広・山**　本州（関東西部〜紀伊半島）　四国　九州

2007.5.5　廿日市市吉和町

【ジャクチスミレ（寂地菫）】　*Viola (vaginata×shikokiana)*

日本海側のスミレサイシンと、西日本太平洋岸系のシコクスミレとの雑種。山口県の寂地山で発見された。地下茎は2種の中間型。匍匐茎を長く出し、その先端から発苗して増える。高さ約10cm。花と葉はほぼ同時に展開する。葉の出始めは両端が巻いている。葉は卵状心形、長さ3～6cm、幅2.5～5cm、スミレサイシンより小さく、シコクスミレより大きい。花は1.6～2cm。淡紫色。花や距の大きさ、形は両方の中間型。県内では標高約500～1000mの所に点在するが少ない。

●花期　４月中旬～５月
●分布　**広・山**

2006.4.21　庄原市是松町

【スミレ（菫）】 *Viola mandshurica*

スミレの花が大工の使う墨入れ（墨壷）に似ていて、墨入れが訛りスミレになったともいわれている。スミレの名は科、属、仲間の総称としても使われる。高さ7～11cm。葉はへら形、長さ2～9cm、斜めに開く。葉柄の上部に翼がある。花は1～2.5cmで濃紫色、側弁は有毛。唇弁の中央は白く、紫色の条がある。距は5～7mm。秋、蕾を見つけて花が咲くのを待ったが、いつのまにか種が弾けていた。秋は蕾のような状態で自家受粉する。町中のアスファルトの隙間や、丘陵に至るまで日当たりの良い所で普通に見る。

●花期　３～５月
●分布　**中国地方全域**　南千島　北海道～九州　朝鮮半島　中国　シベリア東部

2007.4.23　庄原市川西町

【アリアケスミレ（有明菫）】　*Viola betonicifolia var. albescens*

花が白色から紅紫色まで変化が多く、それを「有明の空」に例えた。高さ9～12cm。葉はへら形、長さ5～8cmと長い。縁には浅い鋸歯がある。葉柄上部には短い翼があり、葉身は葉柄より長く、ほぼ水平に広げ葉数も多い。花は約2.5cm、白色～淡紅白色、花弁に紫色の条が入る。上弁はやや色が薄い。側弁と上弁には突起毛が生える。距は長さ約4mm、太くて短い。果期の葉は大きくなり、耳の出た長い三角形になる。日当たりの良い芝生の中や道路、田畑の周辺、人家の近くなどで見る。

●花期　４～５月
●分布　**中国地方全域**　本州～九州　朝鮮半島　中国（東北）

2009.6.7　山県郡安芸太田町

【ホソバシロスミレ（細葉白菫）】　*Viola patrinii var. angustifolia*

シロスミレの変種で、シロスミレより小型。名のとおり葉が細い。花期は遅く、スミレの最後を飾る。高さ8～10cm。葉は線状長楕円形か長楕円状披針形。長さ1～4cm、幅0.5～1.5cmと細い。先端は鈍形、基部はくさび形で、葉柄に翼となって流れ、しっかりと立ちあがる。花は1.5～2cm、白色。花弁はやや細く、唇弁には紫色の条がある。距は長さ1.5～2.5mmで短い。シロスミレとは、関が原を境に分布が分かれている。県内では標高約1000m以上の、日当たりの良い草原で見るが少ない。

●花期　５月下旬～６月
●分布　**岡・広・山**　本州（大阪府　奈良県）　四国　九州

2006.4.14　庄原市掛田町

【ヒメスミレ（姫菫）】 *Viola minor*

スミレに似ているが、スミレより全体が小さく、花も葉も少ない。目立たないスミレで、見つけるのは難しい。高さ4〜8cm。葉は３角状披針形、長さ1.5〜4cm、幅1〜1.5cm。基部は浅い心形、両側が張り出し、縁に浅い鋸歯がある。花茎より葉柄のほうが短く、やや横に開く。花後は大きくなる。花は1〜1.5cmと小さく濃紫色。側弁に毛がある。唇弁の奥は白く、紫色の条がある。距は3〜4mm、緑白色に赤紫色の斑点がある。道端や草原、低山の乾いた所に生える。県内ではスミレより少ないようだ。

●花期　３月下旬〜４月
●分布　**中国地方全域**　本州　九州　台湾

2006.4.14　庄原市掛田町

【ノジスミレ（野路菫）】 *Viola yedoensis*

全体に毛が多く、白っぽく見える。高さ4～8cm。葉はへら形～長披針形。長さ3～6cm、縁は大きく波打ち、やや横に開く。葉柄の上部に翼が少し出る。花後大きくなり、花がないとコスミレとの区別が難しくなる。花は1～2cm、青みがかった濃紫色。花弁の縁は波打つ。唇弁に紫色の条がある。距は5～7mm、花より淡い紫色。日当たりの良い田畑の縁や道端で見る。白花もある。

2010.3.28　白花（府中市）

●花期　３～４月

●分布　**中国地方全域**　本州～九州　朝鮮半島南部　中国（中部）

2007.4.10　三次市三良坂町

【コスミレ（小菫）】 *Viola japonica*

小さな菫と書くが、決して小さくはない。高さ6〜12cmで大きな株になる。葉は卵形〜長卵形、長さ2〜5cm、幅2〜3cm。縁には浅い鋸歯があり、基部は心形、先はやや尖る。表面は白っぽい緑色。裏面は紫色を帯びることが多い。花は1.5〜2cm、淡紫色から淡紅紫色まで変化が多い。花弁は少し細く、唇弁には紫色の条がある。距は長さ6〜8mmで細長い。花後の成葉は10cmぐらいに大きくなることもある。人家の近くや畑、道端、林縁など広く生育するが、県内では南部、島嶼(とうしょ)部で多く見る。

●花期　３〜４月
●分布　**中国地方全域**　北海道西南部〜九州　朝鮮半島南部

2005.5.14　庄原市西城町

【サクラスミレ（桜菫）】 *Viola hirtipes*

「スミレの女王」といわれ、スミレに関心を持ったら、必ず会いたいと思う。桜色のスミレではなく、花弁の縁が桜の花びらのように、へこんでいるので、その名が付いたが、実際にはへこんでいるものは少ない。高さ7～13cm。葉は長卵形で長さ3～8cm、葉柄は5～14cmと長く、葉は花と同長か、葉のほうが高くなる。花茎、葉柄とも有毛。花は淡紅紫色で大きく2.5～3cm。側弁は有毛。距は7～8mmと長い。アカネスミレと同様、花は閉じ気味に咲くので、花の中が見えにくい。県内ではまれ。

●花期　４月下旬～５月
●分布　**中国地方全域**　北海道～九州　朝鮮半島　中国（東北）　ウスリー

2010.4.24　庄原市口和町

【アカネスミレ（茜菫）】 *Viola phalacrocarpa*

花の色が茜色（紅紫色）なのでそこから名が付いた。全体に毛があり、白っぽく見える。距、萼片、子房、蒴果にも短毛がある。高さ5～10cm。葉は卵形～狭卵形、長さ2～4cm、幅2～3cm、縁には浅い鋸歯がある。基部は心形。花は約1.5cm、花の色は淡紅紫色～紅紫色。側弁の基部に有毛。唇弁の基部は白く紫色の条がある。花弁の基部は閉じ気味に咲き、花の中が見えにくい。距は長さ6～8mmで細く長い。日当たりの良い山地、林縁で見る。全体に毛のないものを変種のオカスミレという。

●花期　4月
●分布　**中国地方全域**　北海道～九州　朝鮮半島　中国（北部　東部）

2009.4.29　庄原市東城町

【ゲンジスミレ（源氏菫、別名：イヨスミレ）】 *Viola variegata*

葉の裏が紫色なので紫式部、源氏物語という連想で、名が付いたといわれている。このスミレが最初に見つかったのは愛媛県。その後、長野県でも見つかり、フイリゲンジスミレの変種であることが分かった。国内に数か所隔離分布している。高さ5～10cm。葉は長さ・幅ともに1.5～3cm、卵形～円形。表面は暗緑色、葉柄と裏面は紫色。花後は紫色が薄れていく。花は1.5～2cm、ごく淡い紅紫色、側弁は有毛。各弁に紫色の条がある。距は6～9mmで細長い。県内では東部山地の限られた所で見られ、まれ。

●花期　4月
●分布　**岡・広**　本州（中北部）　四国（愛媛県）

2009.4.18 庄原市東城町

【マルバスミレ（丸葉菫、別名：ケマルバスミレ）】　*Viola keiskei*

植物全体に毛が多い。マルバスミレという名は、ケマルバスミレの無毛のものに付けられたものだが、無毛のものはまれなので、両方をマルバスミレと呼ぶようになった。高さ5～10cm。葉は卵形～長卵形、長さ2～4cm、幅1～3cm。基部は心形、縁には浅い鋸歯がある。花は2～2.5cmと大きい。白色から淡紅色を帯びるものもある。花弁は円く、唇弁には紫色の条がある。距は長さ5～7mmで太く長い。花の白さと、葉の緑は印象的で、花も葉も円くかわいい。県北部の山地、林縁で見るがやや少ない。

●花期　４～５月
●分布　**中国地方全域**　本州～九州　朝鮮半島

2010.4.25　庄原市東城町

【ヒカゲスミレ（日陰菫）】　*Viola yezoensis*

名前のとおり半日陰に生える。全体に粗い毛が多く、根を伸ばして増える。高さ7〜12cm。葉は卵形〜長卵形、長さ4〜7cmと大きい。基部は深い心形、縁には浅い鋸歯がある。葉の色は普通両面とも緑色だが、県内のものは表面がこげ茶色のものが多く、タカオスミレへの移行型かもしれないが、受光量も関係するようだ。花後は緑色になる。花は約2cm、白色で側弁と唇弁には紅紫色の条がある。距は7〜8mmと長い。花付きはあまりよくない。県内では主に東部の谷筋の湿った林下で見るが少ない。

●花期　４月
●分布　**岡・広・山**　北海道西南部〜九州

2007.4.19　三次市吉舎町

【アソヒカゲスミレ（阿蘇日陰菫）】 *Viola yezoensis var. asoana*

阿蘇の外輪山で見つかったのでその名が付いた。その後、広島県でも発見された。葉がヒョウタン型をしている以外、花期、全体に粗い毛が多いこと、高さ、花、距などはヒカゲスミレとほぼ同じである。葉は初め、浅めに3裂するが、花後深くなり、基部は左右に大きく張り出し、その先は長くなる。長さが約11cm、幅10cmにもなるものもある。この葉の形は単葉性のスミレと複葉性のスミレの、中間型のものといわれている。県内ではヒカゲスミレと同じような所に生育しているが、ヒカゲスミレより少ない。花付きも悪い。

●花期　4月
●分布　**広**　九州（熊本県）

2006.4.30　庄原市東城町

【ヒゴスミレ（肥後菫）】　*Viola chaerophylloides f. Sieboldiana*

高さは5～10cm。葉は複葉（県内では、複葉のスミレはエイザンスミレとヒゴスミレ）で長さ・幅ともに1.5～5cm、エイザンスミレに似るが、さらに細かく裂け、ほぼ完全5裂する。夏の葉はやはり大きく、10cmぐらいになるが、エイザンスミレのように3小葉にはならない。花は1.5～2cm、白色、側弁は有毛、唇弁には紫色の条がある。距は長さ4～6mm。満開時には各弁がまとまり、上弁がやや反り返る特徴がある。県内では北西部はエイザンスミレ、北東部ではヒゴスミレをよく見る。

●花期　４～５月
●分布　**中国地方全域**　本州～九州

郵　便　は　が　き

料金受取人払郵便

広島東支店
承　認

3510

差出有効期間
平成25年2月
25日まで

期間後は
切手を
お貼り下さい

7 3 2 8 7 9 0

012

広島市東区山根町27-2

南々社

「広島の山野草　春編」編集部 行

□□□-□□□□	ご住所	
		男　女
ふりがな お名前		Eメール アドレス	
電子メールなどで南々社の新刊情報等を　1. 希望する　2. 希望しない		
お電話 番　号	(　　　)　　　ー	年齢	歳
ご職業	1. 会社員　2. 管理職・会社役員　3. 公務員・団体職員　4. 自営業 5. シルバー世代　6. 自由業　7. 主婦　8. 学生　9. その他(　　　　)		
今回お買い上げの書店名　　市区町村　　書店			

このたびは、南々社の本をお買い上げいただき、誠にありがとうございました。今後の出版企画の参考にいたしますので、下記のアンケートにお答えください。ご協力よろしくお願いします。

書　名	広島の山野草【春編】

Ⅰ．この本を何でお知りになりましたか。

1．新聞記事（新聞名　　　　　）　2．新聞広告（新聞名　　　　　）

3．テレビ・ラジオ（番組名　　　　　）　4．書店の店頭で見つけて

5．インターネット（サイト名　　　　　）

6．人から聞いて　7．その他（　　　　　）

Ⅱ．この本を買おうと思ったのはどうしてですか（いくつでも○）。

1．野の花が好きだから　2．自然散策や登山をしているから

3．環境問題に関心があるから　4．花の写真がきれいだから

5．その他（　　　　　）

Ⅲ．この本に対する評価をお聞かせください。

・山野草の種類	1．多い	2．ふつう	3．少ない
・花の解説	1．分かりやすい	2．比較できる	3．分かりにくい
・判型（本の大きさ）	1．大きい	2．手頃	3．小さい
・表紙のデザイン	1．よい	2．ふつう	3．悪い
・本文のデザイン	1．よい	2．ふつう	3．悪い
・タイトル	1．よい	2．ふつう	3．悪い
・価格	1．高い	2．手ごろ	3．安い

Ⅳ．あなたの好きな山野草をお聞かせください。

Ⅴ．本書についてご感想をお聞かせください。

ご提供いただいた情報は、個人情報を含まない統計的な資料を作成するために利用いたします。

2007.5.5　廿日市市吉和町

【エイザンスミレ（叡山菫）】　*Viola eizanensis*

高さ5～15cm。葉は複葉、一見スミレの葉には見えない。長さ・幅とも3～5cm、細かく裂け5裂状だが、もとのほうは3裂で鳥足状になっている。開いたら5角形に見える。夏の葉は3小葉。各小葉は分裂せず披針形で大きくなり春の姿とは異なってエイザンスミレの面影はない。花は約2cm、淡紅色～白色、花弁には紫色の条がある。側弁は有毛。距は長さ6～7mm。県北部山地、山麓に生育する。

2008.4.13　花形の異なるもの

●花期　４～５月
●分布　**島・岡・広・山**　本州～九州

珍しくヒナスミレが群生していた（2007.4.12　庄原市口和町）

2007.4.12　庄原市口和町

【ヒナスミレ（雛菫）】 *Viola takedana*

「雛」という名にふさわしく、本当にかわいいが、簡単には会えない。花期が比較的早く、ほかの花に気を取られていると、いつの間にか終わっている。高さ3～8cm。葉は長卵形～披針形、長さ2～5cm、幅1.5～3cm。基部は心形、縁には鋸歯がある。葉柄は短く、葉は水平に開き、葉の上に花が咲く。花は約1.5cm、淡紅色～淡紫色。桜の花色に似る。花弁の中央はやや淡く、唇弁には紫色の条がある。距は長さ5～7mm。山地の林床や林縁に生える。花付きはあまり良くない。

●花期　４月
●分布　**島・岡・広・山**　北海道～九州　朝鮮半島　中国（東北）

2007.5.12　庄原市東城町

【シハイスミレ（紫背菫）】　*Viola violacea*

「紫背」と書き、葉の裏が紫色だが、ほかのスミレにも葉の裏が紫色になるものはある。高さ3～8cm。葉は長卵形～披針形。長さ1.5～5.5cm、幅1～3cm。濃緑色～暗緑色で変化が多く、斑が入るものもあり、光沢がある。基部は深い心形、縁には浅い鋸歯がある。花は1.2～1.5cm、淡紅紫色～濃紅紫色、側弁は無毛。唇弁には紫色の条がある。距は5～7mmで細長く跳ね上がる。西日本を代表するスミレで県内全域で見る。低山の乾いた山道で出会うことが多い。

●花期　４～５月
●分布　**中国地方全域**　本州（長野県南部以西）～九州　朝鮮半島南部

2009.5.2　庄原市西城町

【フモトスミレ（麓菫）】 *Viola sieboldii*

山麓に生えるのでこの名が付いた。葉も花も小さく、芝生の中に見つけたときは、草を分けて寝転んで撮った。高さは3～6cm。葉は卵形で長さ0.8cm～3cm、幅0.6～2.5cm。表面は暗緑色、裏面は紫色を帯びるものが多く、やや水平に開く。基部は深い心形。縁には鋸歯がある。花は0.7～1cmと小さく、上弁はやや反り、側弁は有毛。唇弁はほかの花弁より細く短かい。先端は短く尖り、紫色の条がある。距は長さ2～3mmと短い。県内では、北部の山地、山麓、草原の日当たりの良い所で見る。

●花期　４月下旬～５月
●分布　**鳥・岡・広・山**　本州（関東以西）　四国　九州

2008.5.11　広島市佐伯区

【コミヤマスミレ（小深山菫）】　*Viola maximowicziana*

日本のスミレの中でも、最も暗い所と湿った所を好む。高さ4～8cm。小さいときの葉は円く、花時になると卵形～楕円状卵形、長さ2～4cm、幅2～3cm、表面は緑色、暗緑色、暗紫色、さらに白斑が入るなど変化が多い。表面は有毛。裏面は紫色を帯びるものが多い。基部は心形、縁には鋸歯がある。花は1～1.5cm。白色。側弁は有毛、唇弁は細く紫色の条がある。萼片が反り返るのが特徴。距は長さ2～3mmで短い。県内では、沿岸部から内陸部にかけて、暗く湿った所に生育するが比較的少ない。

●花期　４月下旬～５月
●分布　**岡・広・山**　本州（関東以西）～九州

2006.4.30　庄原市東城町

【アケボノスミレ（曙菫）】　*Viola rossii*

花の色を曙の空の色に例えたもの。花の大きさに、色の鮮やかさに、見とれてしまう。高さ5～10cm。葉より花が先に展開する。太い花柄が地面から伸び、花は2～2.5cmと大きい。紅紫色で花弁は厚く円い。側弁は有毛と無毛がある。唇弁には紫色の条がある。距は長さ4～5mmで太い。葉は花時にないこともあるが、出始めは両端が巻いている。展開した葉は円状心形、長さ・幅とも4～8cmで淡緑色。先が細く尖る。裏は紫色を帯びることもある。県内では山地や林縁の日当たりの良い所で見る。

- 花期　４～５月
- 分布　**中国地方全域**　本州～九州　朝鮮半島　中国（北部）

2006.4.30　庄原市東城町

【カツラギスミレ（葛城菫）】　*Viola × ogawai*

シハイスミレとヒゴスミレの雑種、奈良県と大阪府の境にある葛城山で発見された。でも、この花から、シハイスミレもヒゴスミレも想像できない。花時の葉は長楕円状披針形または卵状披針形。縁は深く裂け、中裂し菊葉状になる。表面は深緑色、脈や裏面は紫色を帯びる。花柄は太く、花は1～1.5cmとやや小さい。濃紅紫色だが変異がある。花弁は円く、側弁は有毛または無毛。唇弁には紫色の条がある。距は長さ4～7mmで上向き。蒴果は不稔、地下茎や根で繁殖する。県北部の山地で見る。

●花期　４月下旬～５月
●分布　**鳥・広・山**　本州（和歌山・兵庫県）　四国（愛媛県）

2006.4.16　福山市山野町

【セントウソウ（仙洞草、別名：オウレンダマシ）】 *Chamaele decumbens*

セリ科の中では小さく、軟らかい感じがする。茎は高さ10〜25cm。この仲間では花期が比較的早い。葉と花の高さがほぼ同じか、花柄のほうがやや長い。葉のほとんどは根元から出て、紫色を帯びた長い柄がある。葉柄の基部は膜状に広がり茎を抱く。葉は1〜3回3出羽状複葉で小葉はさまざま。長さ3〜7cm、幅2〜6cm。オウレンダマシはキンポウゲ科のセリバオウレンの葉に似ることによる。花茎の先から数本の短い枝が出て、その先に白い小さな花をたくさん付ける。花弁より雄しべが長い。野山の道沿いや、林縁に生える。

●花期　３〜４月
●分布　**中国地方全域**　北海道〜九州

2003.5.7　庄原市比和町

【シャク（杓、別名：コジャク）】　*Anthriscus sylvestris*

大きく高さは1mぐらいになる。茎は中空で、径1～1.5cmぐらいであまり太くなく、上部で枝分かれする。根は太い。セリ科独特のよい香りがして、胡麻和えなどにするとおいしいが、セリ科は同定が難しく、有毒植物もあるので食べるには注意が必要。葉には長い柄があり2回3出複葉、小葉は細かく切れ込み、ニンジンの葉に似る。花は白色で約5mm、花びらは5枚で枝先にたくさん付く。花序の周辺花では外側の花びら2枚が大きい。野山のやや湿り気のある所に生える。

●花期　５～６月
●分布　**中国地方全域**　北海道～九州　ユーラシア（中北部）

2006.7.19　庄原市掛田町

【ヤブジラミ（藪虱）】　*Torilis japonica*

藪に生えて、果実の刺毛が衣類にくっ付くのを虱に例えたもの。果実は長さ2.5～3.5mm、丸みのある楕円形で、全面に先の曲がった刺毛が生え、動物の体や人の衣類に付いて運ばれる。茎の高さは30～70cm。茎や葉に毛がある。葉は2～3回羽状複葉、長さ4～10cm、小葉は細かく切れ込みやや厚い。枝先に小型の複散形花序を出し、白い小さな花を付ける。花は外側のものが大きい。花期はオヤブジラミより遅い。果実の柄は短く、全てがほぼ同じ長さなので、間がつまっている。野原や道端に普通に生える。

●花期　５～７月
●分布　**中国地方全域**　日本全土

2009.5.13　庄原市掛田町

【オヤブジラミ（雄藪虱）】　*Torilis scabra*

ヤブジラミと同じような所に生え、全体の姿も似ている。花や果実がないときには、ヤブジラミとの区別は難しい。葉は3回3出羽状複葉、小葉は細かく切れ込み薄い。大きくなってくると、茎や葉は赤みを帯びてくるものもある。ヤブジラミより花期が早く、暖地では3月頃から咲き始める。枝ごとの花はやや少なく、花びらの縁は口紅を付けたように少し紫色を帯びてかわいい。果実は4〜6mm、やや長めの楕円形。全面の刺毛もやや紫色を帯びる。柄は長短があるので、間がすいている。野原や道端に普通に生える。

- 花期　３〜５月
- 分布　**中国地方全域**　本州〜琉球　朝鮮半島　中国　台湾

2010.5.3　三次市

【フキヤミツバ（吹屋三葉）】 *Sanicula tuberculata*

最初の発見地が岡山県吹屋。岩手県と長野県に分布するクロバナウマノミツバ系の小型種。高さは8～20cmと小さい。山の木陰に生え目立たない。特に花がないと見過ごしてしまう。根生葉には長い柄があり、葉の長さは1.5～4cm、大きく3裂しさらに細かく裂ける。茎の上部には2枚の葉が対生する。各葉は大きく2～3枚に裂け、5～6枚の葉が輪生しているように見える。その中心から小さい散形花序を出し、緑色の小さな花を付ける。中央が雌花、外側が雄花。果実の刺毛はかぎ状にならない。林下に生えるがまれ。

●花期　４～５月
●分布　**岡・広**　本州～九州　朝鮮半島中南部

2002.5.6　三次市君田町

【オオイワカガミ（大岩鏡）】 *Schizocodon soldanelloides var. magnus*

葉に光沢があり鏡に見立てた。同じ仲間のイワカガミより花や葉が大きく、葉は10cm前後になる。県内のものはオオイワカガミである。初めてこの花に出会ったとき、これほどきれいな花があるのかと驚いた。円形の葉の縁には尖った鋸歯がある。高さは10～20cm。花茎の先に淡紅色の花を5～10個付ける。花は1.5～2cm、縁は細かく裂ける。花色に変異がある。県内では山地に広く分布する。

2003.5.4　花色は変化が多い

- 花期　4～5月
- 分布　**中国地方全域**　北海道（南部）～九州

1998.5.10　庄原市西城町

【ギンリョウソウ（銀竜草、別名：ユウレイタケ）】 *Monotroppastrum humile*

子どもが手にいっぱい握って差し出した。見た瞬間、なにか分からず受け取れなかった。これがこの植物との出会いだった。花だとはとても思えなかった。全体が白色で葉緑体を持たない。山地のやや湿った落ち葉の中に出る腐生植物。多肉質で乾くと黒くなる。高さ8cm～15cm。葉は鱗状で長さ0.7～1.5cm。花は茎の先に1個付き、下向きで長さ1.5～2.5cm。下向きの花と、鱗状の葉に包まれた姿を竜に見立てた。白い植物体の中に黄色い雄しべと、紫色の雌しべが見える。液果は球形で1～1.5cm、茎が倒れるとつぶれて種子が出る。

●花期　４～７月
●分布　**中国地方全域**　北海道～琉球

2003.5.15　庄原市木戸町

【コナスビ（小茄子）】　*Lysimachia japonica*

果実を小さな茄子に見立てた。果実は球形で約5mm。長毛があり長い萼片に包まれている。丸いのでトマトの小さい実のように見える。茎にも長毛があり、斜めに立つか地を這って四方に広がり、7～20cmぐらいになる。葉は対生、卵形で先は短く尖る、長さ1～2.5cm。花柄は3～8mmと短い。花は葉のもとに1個ずつ付き、葉の上に咲く。5～7mmで黄色。雄しべ5本は裂けた花びらと対生する。花柄が6～18mmと長く、花後下に曲がるものを、ナガエコナスビといって区別することもある。低地から山地の道端に至るまで普通に生える。

●花期　５～６月
●分布　**中国地方全域**　北海道～琉球　中国　台湾　インドシナ

1999.5.23　庄原市高野町

【クリンソウ（九輪草）】 *Primura japonica*

この花をサクラソウと呼んでいた地域もある。雰囲気は似ているが、全体の姿はサクラソウよりかなり大きい。葉も大きく倒卵状長楕円形、長さ15～40cm、幅5～13cm、表面は皺が多く、縁には不ぞろいの鋸歯がある。基部は次第に狭くなり柄のようになる。基部に近い部分の主脈は赤みを帯びる。花茎は高く40～80cm、2～5段輪生状に多くの花を付ける。花は1～1.5cmで紅紫色。県内には確実な自生はない。県北の民家の裏、湿った所に咲いていた。自生地から移植されたものかもしれない。

●花期　５～６月
●分布　**岡**　北海道　本州　四国

2007.5.2　三次市

【サクラソウ（桜草）】 *Priumra sieboldii*

花の美しさは緑の中で目を引く。花びらの形や、花の色が桜に似ている。園芸種も多いが、野生種も多く比較的高地によく見られる。全体に白色の縮れた長毛がある。葉は根元から出て長さ4〜10cmの楕円形、表面に皺がある。縁は浅く切れ込み、出始めは少し裏側に巻く。15〜30cmの花茎を伸ばし、その先に2〜3cmの花を7〜20個付ける。紅紫色で深く5裂し、1枚の花びらはハート型。花には2つのタイプがあり、雌しべの長いものと雄しべの長いものに分かれる。山裾や田んぼ、溝のふちなど湿った所に生える。

●花期　４〜５月　●分布　**鳥・島・岡・広**　北海道南部　本州　九州　朝鮮半島　中国（東北）　シベリア東部

県北部の湿った所に生えるサクラソウ（2006.5.7）

2006.6.4　呉市蒲刈町

【ハマボッス（浜払子）】 *Lysimachia mauritiana*

浜に生え、花穂の様子を僧侶の使う払子（長い獣毛を束ね、これに柄を付けたもの）に見立てたといわれている。高さ10～40cm、株立ちになり茎は赤みを帯び稜がある。葉は倒卵形で褐色の腺点がある。長さ2～5cm、厚く光沢があり、基部は細くなって柄状になる。茎の先に短い花序を出し、白い花をたくさん付ける。花の大きさ1～1.2cm、白色で深く5裂する。花後、花序は伸びる。蒴果は球形で4～6mm、果皮は硬く、熟すと先端に小さな穴があき、種子を飛び散らす。海岸の砂地や岩場にも生える。

●花期　５～６月
●分布　**中国地方全域**　北海道～琉球　中国　東南アジア　インド　太平洋諸島

2008.4.27　庄原市高野町

【フデリンドウ（筆竜胆）】 *Gentiana zollingeri*

春の陽射しを受けて、昼頃からやっと咲き始める。黄色い花が多い春に紫色の花は珍しい。茎の先に付く花の姿を筆に見立てた。春に咲くので「ハルリンドウ」と名前を間違いやすい。全体の姿もハルリンドウとよく似ているが、ハルリンドウの根元には、卵形で2cmぐらいの根生葉があるのが特徴、フデリンドウにはない。葉は対生し、広卵形で厚く長さ0.5～1.2cm。下の葉が小さくなり、裏面は紫色を帯びることがある。茎の高さ6～9ｃm、その先に約2cmの紫色の花を数個付ける。日当りの良い野山に生える。曇りや雨の日は開かない。

●花期　４～５月
●分布　**中国地方全域**　南千島　北海道～九州　朝鮮半島　中国　サハリン

2006.5.6　三次市三和町

【ミツガシワ（三槲）】　*Menyanthes trifoliata*

三槲は小葉（3枚）がカシの葉に似ているため。北方系の植物で、普通は高所の湿原や沼に生えるが、低地にも残存植物として生育している。山の木々が芽吹く頃、白い花が水面を飾る風景は目を楽しませてくれる。地下茎は太く横に這う。高さ20～40cm。葉は厚ぼったく、長い柄があり3枚の小葉からなる。小葉は楕円形、長さ4～8cm。花は穂状（総状花序）になって咲く。大きさ1～1.5cmで白色。深く5裂し、花びらの内側に縮れた毛が密生する。県内では北部に自生があったが絶滅。ほかは植栽か自生か不明である。

●花期　４～８月

●分布　**中国地方全域**　千島　北海道　本州　九州　サハリン

2007.4.8　広島市安佐北区

【サツマイナモリ（薩摩稲森）】　*Ophiorrhiza japonica*

暖地の山中の少し湿った所に生え、地下茎が伸びるので群生する。花期が長く九州辺りでは12月頃には咲いている。花のない冬に出会うとうれしい。茎は高さ10〜20cm、下部は地面を這い、枝分かれして斜上に伸びる。赤褐色の細毛がある。葉は対生で卵形〜長楕円形。長さ2〜5cmで濃緑色。枝先に1.5〜2cmの白い漏斗形の花を数個付ける。やや下向きに咲く。花びらの内側には毛がある。花序には3〜7mmの線形の苞と小苞がある。花も葉も、乾くと赤みを帯びる。県内でも湿った山中などに生え、3月下旬頃から咲き始める。

●花期　２〜５月
●分布　**鳥・島・広・山**　本州（関東南部以西）〜琉球

2006.6.4　呉市蒲刈町

【ハマヒルガオ（浜昼顔）】 *Calystegia soldanella*

代表的な海岸植物の一つ。砂の中に長い地下茎を伸ばして増えていく。茎は砂の上を這い、何かに巻き付き、広がって海岸に群落をつくる。葉柄は長さ2〜5cmと長い。葉は腎形〜腎心形、長さ2〜4cm、幅3〜5cm、厚く光沢がある。基部は深い心形。花はロート形で、大きさ4〜5cm、淡紅色。花柄は葉より長い。萼の下にある苞葉は広卵状3角形、長さ1〜1.3cm、2枚で萼を包んでいる。蒴果はほぼ球形、黒い種子が入っている。県内では島嶼（とうしょ）部の海岸で見ることが多く、ハマエンドウなどと一緒に咲いている。

●花期　５〜６月
●分布　**中国地方全域**　北海道〜琉球

2006.6.3　神石郡神石高原町

【サワルリソウ（沢瑠璃草）】　*Ancistrocarya japonica*

山地の木陰に生える多年草。茎は高さ50～80cm、上部で枝分かれし上向きの短毛がある。葉は長楕円形、長さ10～20cm、幅3～7cm。先端は尖り、基部は次第に細くなって茎に続く。表面はざらつき、裏面は有毛。側脈は3～5対。茎の中部に集まり互生する。花は枝先に総状に付き、花冠は筒状鐘形、長さ1～1.3cmで青紫色、県内のものは白色に近いものが多く、花付きはあまりよくない。分果は約1cmの狭卵形。光沢があり、先端は長く伸びてかぎ状に曲がる。県内では東部山地林縁で見るが少ない。

●花期　５～６月
●分布　**島・岡・広・山**　本州（関東以西）～九州

2007.4.10　三次市三良坂町

【ヤマルリソウ（山瑠璃草）】　*Omphalodes japonica*

全体に毛がある。根生葉はロゼット状に広がり大きくて、長さ7～20cm、幅2～5cm。花時まで残る。花のないときの根生葉からヤマルリソウは想像できない。茎に付く葉は上部のものほど小さくなる。茎は叢生（そうせい）して下部から斜めに伸び7～20cmになる。花は約1cm、淡い青紫色、中には淡い紫色や白色もある。花後花柄は垂れ下がり、萼は長くなる。山林の林縁などに生える。

2008.4.19　白花

●花期　4～5月
●分布　**中国地方全域**　本州（福島県以南）～九州

2006.5.21　山県郡北広島町

【アキノハイルリソウ（安芸の這瑠璃草）】 *Omphalodes akiensis*

2009.4.24　白花

広島県はこれまでハイルリソウとしていたものを、アキノハイルリソウにした。ハイルリソウによく似ているが花期が1か月ほど遅く、根生葉は厚く鈍い光沢があり葉柄もある。花茎は春先の芽出しの頃から地面を這い、長さ50㎝ぐらいになり、花序は二叉分岐する。萼筒は短くて、浅く分裂し裂片は狭卵状楕円形で鈍頭。花の白いものをシロバナアキノハイルリソウという。県北部の林床、林縁に生えるが、まれ。

●花期　５～６月
●分布　**鳥・広**

2009.5.4　神石郡神石高原町

【ホタルカズラ（蛍蔓）】 *Buglossoides zollingeri*

点々と咲く花をホタルの光に例えた。全体に粗い毛がある。茎は細く、高さ15〜25cm。花後長い走出枝を出し、翌年その先に新しい株をつくる。葉は互生で倒披針形、長さ2〜6cm、幅0.6〜2cm。濃緑色で、表面に基部が盤状に硬くなった剛毛がある。花は上部の葉の腋に咲き、大きさ1.5〜1.8cm、青紫色できれい。花冠は5裂し、裂片の中央が白く隆起しているのが印象的だ。分果は白色で平滑。花筒に付く、雄しべ5本の花糸には多くの腺毛がある。日当たりの良い山地の林縁や道端に生える。

●花期　４〜５月
●分布　**中国地方全域**　北海道〜琉球　朝鮮半島　台湾　中国

2003.5.24　三次市君田町

【ミズタビラコ（水田平子）】　*Trigonotis brevipes*

茎は有毛で高さ10～40cm。茎、葉ともに軟らかい、葉は楕円形で長さ1.5～4cm、幅1～2cm、表面には細かい毛がある。下部の葉には長い柄があるが、上部の葉にはない。茎の先から1～5個の花序が出る。花序ははじめ先がくるりと巻いているが、花が咲き始めるとほどけて伸び、下から咲き始め次々と咲く。花は2.5～3mm、白色または淡い青紫色。小花柄は萼より短く、花後も直立している。分果は黒褐色の4面体、平滑で光沢がある。山地の谷の水辺や、湿った所に生える。

●花期　５～６月
●分布　**中国地方全域**　本州～九州

2004.5.2　庄原市東城町

【タチカメバソウ（立亀葉草）】　*Trigonotis guilielmii*

立亀葉草の名は、茎が直立して葉の形が亀の甲を思わせることによる。全体に圧毛がある。茎は軟らかく高さ20〜40cm。葉は卵形〜広卵形、長さ3〜7cm、幅1.5〜3cm。基部は浅いハート形、下部のものは長い柄がある。枝先の花序は普通2本に分かれ、それぞれ数個の花を付ける。花の大きさは7〜10mm、淡い青色または白色。小花柄は長くて1〜1.5cm、花後垂れ下がる。分果は毛があり上面の長さ約2㎜。県内では山地のやや湿った所や、林床で見るが、標高1000mぐらいの山でも生えている。

●花期　５〜６月
●分布　**中国地方全域**　北海道〜本州

2003.4.17　庄原市総領町

【キュウリグサ（胡瓜草、別名：タビラコ）】 *Trigonotis peduncularis*

和名は、若い葉をもむとキュウリの香りがすることによる。タビラコの名もあるが、タビラコはキク科の植物で、これではない。冬から早春にかけて柄の長い円い葉でロゼットを作る。茎は下部で分枝し、やや斜めに伸びて15〜30cmになる。葉は卵円形で長さは1〜3cm、幅0.6〜1.5cm。花序ははじめ巻いているが、咲き始めるとほどけていく。花は約2㎜、淡い青紫色、花の中央に黄色い鱗片がある。ハナイバナと似て同じような所に生えるが、ハナイバナの鱗片は白色。庭や畑、道端にごく普通に生える。

● 花期　３〜５月
● 分布　**中国地方全域**　北海道〜本州

2003.4.26 庄原市高野町

【キランソウ（金瘡小草、別名：ジゴクノカマノフタ）】 *Ajuga decumbens*

路傍や庭などに普通に見られ、小さくあまり目立たないが、よく見ると濃い紫の花の色や、葉の深い緑と走出枝の紫褐色が美しいのにはっとさせられることがある。名の由来もその美しさからきているのではないかといわれるが、よく分かっていない。別名のジゴクノカマノフタは薬草であることから、地獄の釜にふたをするような薬効があるという意味である。茎は地際で多数に分枝し、長さ5～15cm。葉は広い倒披針形で波状の鋸歯がある。花は長さ1cm。茎や葉、萼などに白く縮れた長い毛が多い。

●花期　３～５月
●分布　**中国地方全域**　本州　四国　九州　朝鮮半島　中国

2008.4.27 庄原市高野町

【ニシキゴロモ（錦衣）】 *Ajuga yesoensis*

日当たりの良い林縁の斜面などに見られる。ニシキゴロモの名は葉脈が紫色で葉の緑とのコントラストが美しいことから名付けられたようである。茎は高さ5～15cm。葉は楕円形で縁は波状の鋸歯となり、柄がある。葉腋に2～6個の花を付け、花冠は長さ11～13cmで、淡紫色～白のものが多いが、ときに写真のような濃い紫や紅紫色のものもある。主に日本海側に分布し、太平洋側にも見られるが、太平洋側には変種のツクバキンモンソウが多い。県内では沿岸部から吉備高原面に分布する。

●花期　４～５月
●分布　**中国地方全域**　北海道～九州

2003.5.6 庄原市濁川町

【ジュウニヒトエ（十二単）】 *Ajuga nipponensis*

この仲間はきらびやかな名のものばかりであるが、その中でもジュウニヒトエの名は風雅である。もちろん平安朝の女房装束のことで、高さ10〜25cmの茎に多数の花を付ける様子は、その名に恥じぬものがある。全体に白い毛が多く、白緑色。葉はさじ型で、波状の鈍い鋸歯がまばらにある。花冠は長さ0.9〜1cmで、淡紫色〜白。丘陵地の林縁などに見られる。県内では島嶼（とうしょ）部から吉備高原面にかけて広く分布しているが、特に古生層地帯や石灰岩地帯には多く見られる。

●花期　４〜６月
●分布　**鳥・岡・広・山** 本州　四国

2009.5.10 広島市佐伯区

【キランニシキゴロモ（金瘡錦衣）】 *Ajuga × bastarda*

　キランソウ属は互いによく似ていて、区別が難しいが、よく似ているだけあって雑種もよくつくるようである。キランニシキゴロモはその名のとおりキランソウとニシキゴロモの雑種で、両者の特徴を表している。茎や葉に白く長い毛が多いことはキランソウの特徴であるが、キランソウほど多くない。葉の形は両種の中間で、倒卵形になる。花の色はキランソウに近いが、付き方はニシキゴロモのようである。走出枝がほとんど出ないのもニシキゴロモに似ている。両種の分布する場所にごくまれにある。

●花期　4～5月
●分布　**広**　本州

2005.4.22 三次市吉舎町

【ジュウニキランソウ（十二金瘡小草）】 *Ajuga × mixta*

ジュウニヒトエとキランソウの雑種である。花の色は中間で淡紫色。花の形や濃い紫の条の入り方はジュウニヒトエに近い。また、花の付き方も高く伸びる花茎に多数付く様子は、ジュウニヒトエのようであるが、花序の苞葉が長いので違和感がある。太い走出枝がたくさん見られるのはキランソウの特徴で、葉の形もキランソウに似ているが、波状の鋸歯がまばらで、葉脈の細かい支脈がしわのようにへこまないところはジュウニヒトエに近い。両種が分布する地域にごくまれにある。

●花期　４～６月
●分布　**広・山**　本州

2007.6.12 三次市吉舎町

【ジュウニニシキゴロモ（十二錦衣）】 *Ajuga nipponensis × yezoensis*

ジュウニヒトエとニシキゴロモの雑種である。片親がジュウニヒトエの場合、花茎が高く伸びるので分かりやすい。花の形はジュウニヒトエに似ているが、色がやや濃い。全体に毛は少なめで、ジュウニヒトエほど白くなるようなたくさんの毛はなく、ニシキゴロモよりは毛が多い。両種ともに葉にはほとんど毛がなく、特にこの株は葉面に強い光沢が見られる。波状鋸歯の丸みはニシキゴロモに近いが、葉の形はジュウニヒトエに近い。この雑種はまだ正式に記載されていない。

●花期　４～６月
●分布　**広**

2003.4.26 庄原市新庄町

【カキドオシ（垣通し）】 *Glechoma hederacea var. grandis*

道端や畑地などにごく普通に見られる。茎は最初高さ5～25cmで直立して花を付ける。花後に茎が倒れて、非常に長く這い、夏には長さ1mを優に超える。この様子が垣根を抜けて伸びていくという意味で、カキドオシの名を付けられた。葉は円腎形で、鈍い歯牙をもち、葉柄がある。花は葉腋に1～3個ずつ付き、花冠は淡紅紫色で、下唇から花冠の内部に紅紫色の斑点がある。花の大きさは株によって、大きい花を付ける株と、小さい花を付ける株があり、長さ1.5～2.5cm。県内にも広く分布する。

●花期　４～５月
●分布　**中国地方全域**　北海道～九州　朝鮮半島　中国　台湾　シベリア

2009.3.1 福山市内海町

【ホトケノザ（仏の座）】 *Lamium amplexicaule*

葉の形が仏像を安置する蓮華の形に似ていることからホトケノザと名付けられた。春の七草のホトケノザは、キク科のコオニタビラコのことだといわれており、本種のことではない。畑や道端に普通に見られ、茎は直立して、10〜30cm。下部の葉には長い柄があるが、茎の中部以上の葉には柄がなく、半円形で対生するので平らな円形の葉のように見える。葉腋に数個ずつ花を付け、花冠は長さ1.7〜2cmで紅色。花を開かず自家受精する閉鎖花を多数付ける。県内でも至る所に分布する。

●花期　４〜６月
●分布　**中国地方全域**　本州〜琉球　ユーラシア〜北アフリカの温帯・暖帯に分布

1999.5.1 庄原市口和町

【ラショウモンカズラ（羅生門蔓）】　*Meehania urticifolia*

花が大きめで美しいが、花冠を横から見た形と、長い毛がまばらに生えている様子が、謡曲「羅生門」で渡辺綱に切り落とされた、鬼女の腕を連想させる。また、花の後の走出枝が長く蔓状に伸びるのでラショウモンカズラという名を付けられた。渓谷の崩れた小石がたまるような場所に多く、県内では特に古生層や石灰岩地帯によく見られる。花茎は直立して高さ20〜30cm。葉は三角状の心形で対生する。葉腋に1〜3個の花を付け、花冠は紫色で長さ4〜5cm、下唇の中央列片は大きく2つに分かれ、濃紫色の斑点がある。

●花期　４〜５月
●分布　**中国地方全域**　本州　四国　九州　朝鮮半島　中国

2007.4.23 庄原市本町

【オドリコソウ（踊り子草）】　*Lamium album var. barbatum*

人里近くの林縁や藪陰など、半日陰の場所に見られる。花が節ごとに輪生して付く様子が、まるで花笠のように見えることから、花笠をかぶって踊る踊り子に見立てた名である。群生するので非常に美しい。茎は直立し、高さ30〜50cm、シソ科の例に漏れず4稜形である。葉には鋭い鋸歯があり、卵形で柄があって対生する。花は葉腋に数個ずつ付き輪生状。花冠は長さ3〜3.5cmで、淡紅色〜白色、上唇の先端部に長い毛が生えている。広島県では島嶼（とうしょ）部から吉備高原面まで広く分布。

- 花期　４〜６月
- 分布　**中国地方全域**　千島〜琉球　朝鮮半島　中国　サハリン

2010.3.14 山県郡安芸太田町

【ヒメオドリコソウ（姫踊り子草）】 *Lamium purpureum*

オドリコソウに姿がよく似ていて小さいことから、ヒメオドリコソウと名付けられた。茎は高さ10～30cmで下向きの短い毛がある。葉は鈍い鋸歯があって心形で、葉脈が細かい支脈までよくくぼみ、縮緬状に見える。しばしば葉が紅紫色を帯びる。花は上部の葉腋に密に付いて、花冠は長さ1cm、紅紫色、まれに白色。花冠の上唇の上面には粗い毛がある。帰化植物で、明治時代には日本に入っていたようであるが、広島県では1980年代に広がり始め、現在は路傍や畑地に普通に見られるようになった。

●花期　３～６月
●分布　**中国地方全域**　原産は欧州～西アジア

2009.10.11 庄原市東城町

【モミジバヒメオドリコソウ（紅葉葉姫踊り子草、別名：キレハヒメオドリコソウ）】 *Lamium hybridum*

ヒメオドリコソウに非常によく似た帰化植物である。葉に切れ込みがあるので紅葉の葉のようだと、モミジバを冠することになった。写真のものより深い切れ込みが入るものが多い。茎は高さ10～30cmで4稜形。葉は対生で鈍い鋸歯があり、ところどころで深く切れ込む。葉柄は下部の葉にはあるが、上部の葉は無柄で葉腋に数個の花を付ける。花冠は長さ1cmで紅紫色。写真のように秋にも開花することがある。県内では2003年に初めて発見され、吉備高原面に広く見られるようになってきた。

- 花期　３～６月
- 分布　**中国地方全域**　原産は欧州

2008.5.24 福山市

【ミゾコウジュ（溝香需）】　*Salvia plebeia*

園芸植物のサルビアの仲間である。川岸などの湿った草地や水田の畦などに見られるが、全国的に少なくなった植物の一つである。コウジュは漢方でナギナタコウジュ属の数種を指す名であるが、シソ科の中には別属でも似たものにコウジュの名が付けられている。茎は直立して、高さ30～70cm、四角形で下向きの毛がある。根生葉はロゼット状で、茎葉は対生して披針形。脈がへこんで細かいしわになる。花は輪状に付き、穂状花序になる。花冠は淡紫色で長さ0.3cm。県内では島嶼（とうしょ）部から沿岸部にまれに見られる。

●花期　５～６月
●分布　**鳥・岡・広・山**　本州～琉球　朝鮮半島　中国　台湾　マレーシア　インド

2010.5.23 庄原市上原町

【タツナミソウ（立浪草）】 *Scutellaria indica*

花がたくさん付いているタツナミソウは、北斎の富嶽三十六景「神奈川沖浪裏」の波頭を思い起こさせる。特徴をとらえた、いい名である。丘陵地の半日陰に見られ、茎は高さ20〜40cmで、白い開出毛が多い。葉は対生し、柄をもち、広い卵心形で鈍い鋸歯がある。茎の先端に密な花序をつくり多数の花を付ける。花冠は基部で直角に折れ曲がって上に向き、長さ2cm。青紫色または紅紫色でときに白色。下唇に濃い紫の斑点がある。県内では島嶼（とうしょ）部から中国山地沿いまで広く分布。

●花期　５〜６月

●分布　**鳥・岡・広・山**　本州〜九州　朝鮮半島　中国　台湾　インドシナ

2006.6.2 庄原市川北町

【ヤマジノタツナミソウ（山路の立浪草）】 *Scutellaria amabilis*

丘陵地のやや乾いた林内に見られる。県内では吉備高原面で生育していることが最近になって分かってきた。タツナミソウ属は種が多く、互いによく似ているため見落とされていると考えられ、近年県内で新たに記録され、産地が増えた。茎は直立して高さ15～25cm、四角形で稜に上向きの細毛がある。葉は広い卵形で、対生し、粗い鈍鋸歯がある。花序は短く花は少ない。花冠は長さ2～2.5cmで、基部は直角に曲がり立ち上がる。萼には腺毛が見られる。

●花期　5～6月
●分布　**広**　本州（中部以西）

2010.6.6 山県郡安芸太田町

【ホクリクタツナミソウ（北陸立浪草）】 *Scutellaria indica var. satokoae*

　山地の林縁や疎林の湿った所に見られる。これまで毛が多いことからコバノタツナミと、また、下唇に紫斑がないことや、生育環境などから、デワノタツナミソウと混同されていた。茎が匍匐（ほふく）し、葉が大きく、花冠の下唇に紫斑がないことでコバノタツナミと、葉の裏面全体に毛があること、茎に長い毛が密にあることなどからデワノタツナミソウとそれぞれ区別され、2005年に新変種として発表された。県内でもデワノタツナミソウと思われていたものが本種であることが分かった。中国山地沿いに分布する。

- 花期　５～６月
- 分布　**鳥・島・岡・広**　本州（新潟以西の日本海側）

2010.6.13 東広島市八本松町

【イガタツナミソウ（伊賀立浪草）】 *Scutellaria kurokawae*

丘陵地の林内に見られる。茎は高さ10～30cmで四角形、長い開出毛があり、葉と葉の間の節間が長い。葉は広い卵形で、茎の下部のものほど大きく、上に行くにしたがって小さくなる。葉の縁には鈍い鋸歯があり、両面に開出毛がある。茎の先端に花序をつくるが、花はややまばら。花冠は淡紫色でまれに白色、基部で直角に曲がって上に立ち上がり、長さ2cm。下唇に紫の斑点がある。萼には軟毛とともに腺毛が出ることがある。県内にも近年生育することが知られるようになり、吉備高原面にまれに見られる。

●花期　６月
●分布　**岡・広・山**　本州（福島以南）　四国

2010.6.5 三原市高坂町

【シソバタツナミ（紫蘇葉立浪）】 *Scutellaria laeteviolacea*

やや湿った林内に生育する。茎は直立して5～20cm、四角形で稜には上向きの曲がった毛がある。葉は三角状の卵形で基部は切形、両面には先に向けて曲がった毛が生える。葉の表面には光沢があって、裏面は紫色、葉の縁には粗く鈍い鋸歯がある。下の葉ほど大きい。茎の先端に密な花序をつくり、花冠は紫色。花冠の基部は直角に曲がって上に向いて伸び、長さ2cm。下唇に紫の斑点がある。萼には腺点と毛がある。県内では島嶼（とうしょ）部から吉備高原面に見られるが少ない。

●花期　５～６月
●分布　**島・岡・広・山**　本州（福島以南）　四国　九州

2008.5.4 三原市本郷町

【アツバタツナミソウ（厚葉立浪草）】 *Scutellaria tsusimennsis*

対馬と朝鮮半島だけに生育するといわれていたタツナミソウ属の一種で、近年広島県内でも採集され、その存在が知られるようになった。乾いた山地に生え、地下茎は長く這う。花茎は立ち上がり高さ10～30cmで四角形、密に荒い毛がある。葉は厚く、円心形で先も円く、縁の歯牙も丸みがあって、葉の両面にも荒い毛がある。上部の葉ほど大きくなる。茎の先端に花序をつくって密に花を付ける。花冠は青紫色で、長さ2cm、基部で直角に曲がって、上向きに立ち上がり、下唇には紫の斑点がある。

- 花期　6月
- 分布　**広**　対馬　朝鮮半島

2010.5.9 廿日市市宮島町

【コバノタツナミ（小葉の立浪、別名：ビロードタツナミ）】 *Scutellaria indica var. parvifolia*

海岸近くの林縁の崖地や岩の上、路傍の日当たりの良い所などに生えていることが多い。広島県内では島嶼（とうしょ）部や沿岸部に多く見られる。タツナミソウの変種であるが、雰囲気がずいぶん異なる。茎は基部が長く這い、立ち上がって高さ5〜20cm、四角形で密に開出毛がある。葉は卵状心形で長さ1cm、鋸歯も少ない。葉の裏に毛があることが多い。茎の先端に花序をつくり、密に花を付ける。花冠は長さ2cm、下唇に紫の斑点が多い。冬でも枯れずに残っていることが多い。

●花期　６月
●分布　**鳥・岡・広・山**　本州（伊豆半島以西）　四国　九州

2008.6.15 廿日市市吉和町

【ツクシタツナミソウ（筑紫立浪草）】　*Scutellaria laeteviolacea var. discolor*

シソバタツナミの変種とする説と、独立種とする説がある。同定が非常に難しいこともあって、タツナミソウ属の分類はやや混乱気味のようである。林縁に見られ、茎は直立して高さ10～30cmで、シソバタツナミより大型。葉も大きく、長卵形。脈上に曲がった毛が生え、つやがあって、葉裏は紫色を帯びる。茎の先端にややまばらな花序をつくる。花冠は紫色で、直角に曲がって上に向いて立ち、長さ2cm。下唇に紫色の斑点がある。県内では西部のブナ林で見つかっている。

● 花期　6月
● 分布　**島・岡・広・山**　九州

2007.5.20 東広島市豊栄町

【ハナタツナミソウ（花立浪草）】　*Scutellaria iyoensis*

タツナミソウ属の中で最も花が大きく美しい。山地の林内に見られる。茎は直立して、高さ10～40cmになり、四角形で上向きの細かい毛がある。葉は広い披針形で、両面に腺点があり、表面の脈上に毛があるが、裏面には毛がない。茎の頂上にややまばらな花序をつくる。花冠は青紫色で、基部で直角に曲がって立ち上がり、長さ2.7～3.2cm。下唇に紫色の斑点が見られる。萼には短毛と腺点がある。県内では吉備高原面から中国山地にかけて見られるが、まれである。

●花期　６月
●分布　**岡・広・山**　四国

2007.6.16 神石郡神石高原町

【ヤマタツナミソウ（山立浪草）】 *Scutellaria pekinensis var. transitra*

山の林内や林縁に生育する。地下に白く細い匐枝を出す。茎は直立して高さ10～25cm、四角形で上向きの白い毛が多い。葉は卵状三角形で、両面に粗い毛があり、縁には鋸歯がある。花は茎の先にまばらに付き、花冠は基部で60度くらいに曲がって斜め上向きに立ち上がり、青紫色。下唇の斑点も青紫色である。『広島県植物誌』では、古い記録はあっても標本がなかったために、未確認種とされていたが、最近その標本が発見され、さらに北東部で採集されたことによって、自生が確認された。

●花期　５～６月
●分布　**鳥・岡・広・山**　北海道～九州　朝鮮半島

2009.4.11　庄原市高野町

【ハシリドコロ（走野老）】 *Scopolia japonica*

ナス科には有毒植物が多い。ハシリドコロも有毒で、異常に興奮して走り回り、嘔吐などの末に死に至るという。根の形がヤマノイモ科のオニドコロ（トコロ）に似ているので、ハシリドコロの名が付いた。毒をもって毒を制すというように、毒には使いようで薬効もあり、ハシリドコロの根もロート根と呼ばれ鎮痛剤となる。茎は太く、高さ30～60cm。葉は長楕円形で先が尖り、全縁。花は葉腋に一つずつ付き、釣り鐘形で長さ2cm。外面は暗紅紫色、内面は淡緑黄色。中国山地の渓谷に見られる。

●花期　４～５月
●分布　**中国地方全域**　本州～九州　朝鮮半島

2007.5.18　三次市三良坂町

【カワヂシャ（川萵苣）】　*Veronica undulata*

チシャ（レタス）はキク科、ノヂシャはオミナエシ科、そしてカワヂシャはゴマノハグサ科。普通、食べられる野草には〜菜という名が多いが、異なる科なのになぜチシャの名を使うのか不思議である。名前にカワと付くように、川岸や水田の湿った所に生育する。茎は高さ30〜50cm。葉は対生し、柄がなく、やや茎を抱いて、披針形。葉腋から細長い花序を出し、多数の花を付ける。花冠は淡紅紫色で、直径0.3〜0.4cm。県内では沿岸部から吉備高原面に分布するが、湿田や自然護岸がなくなって、少なくなった。

●花期　５〜６月
●分布　**中国地方全域**　本州〜琉球　朝鮮半島　中国　台湾　ヒマラヤ

2008.5.4　福山市神島町

【オオカワヂシャ（大川萵苣）】　*Veronica anagallis-aquatica*

川岸などの湿地に生える帰化植物で、カワヂシャに似て大型なのでオオカワヂシャという。茎は直立して、高さ30～100cm。葉は対生して、長い楕円形で、柄がなく茎を抱いている。花は葉腋から出る長い花序に多数付く。花冠は直径0.5cmで淡紫色、深く4裂する。カワヂシャは果柄がまっすぐで、蒴果に残る雌しべの花柱が1mmと短いのに対して、オオカワヂシャは果柄が曲がって花柱が長く、3mm近くになることで区別できる。県内では近年、芦田川や太田川の支流で帰化しているのが発見されている。

●花期　５～６月
●分布　**島・岡・広**　原産は北米～ユーラシア

2009.3.1　福山市内海町

【イヌノフグリ（犬の陰嚢）】　*Veronica didyma var. lilacina*

イヌノフグリの仲間には帰化植物が多いが、これは在来種である。蒴果が2つの球をつなげたような形で、毛が多く生えている様子から、イヌの陰嚢のようだという、少しかわいそうな名である。昔からある畑や路傍、石垣などに生えるが、県内でも少なくなりつつある。茎は基部で分枝して這い、長さ5〜20cm。葉は鈍い鋸歯があり卵円形。下部の葉は対生、上部では互生し、葉柄があり、両面に毛を散生する。花は葉腋に一つずつ付け、直径0.3〜0.4cmと小形。オオイヌノフグリの花が巨大に見える。淡紅紫色で濃色の条がある。

●花期　３〜５月
●分布　**島・岡・広・山**　北海道〜琉球　朝鮮半島　中国　台湾

2010.5.4　府中市上下町

【タチイヌノフグリ（立犬の陰囊）】 *Veronica arvensis*

イヌノフグリに似て、茎が立つのでタチイヌノフグリという名が付けられた。茎は根元で枝分かれして斜めに立ち、上部は直立する。高さ10〜40cmになり、白い短い毛が生える。葉は対生し、下部のものは柄があるが上部のものにはなく、卵形で、2〜4対の鋸歯があって、両面に毛がある。茎の上部にほとんど柄のない花を付け、その付け根の苞葉は線形。花冠は青紫色、まれに紅紫色で、直径0.4cm。路傍や畑などの日当たりの良い所にごく普通に見られ、イヌノフグリやオオイヌノフグリと混生することも多い。

- 花期　５〜７月
- 分布　**中国地方全域**　原産はユーラシア〜アフリカ

2007.4.15　福山市山野町

【オオイヌノフグリ（大犬の陰嚢）】 *Veronica persica*

路傍や畑、庭などの日当たりの良い所に、ごく普通に見られる帰化植物。茎は地際で分枝して長く這い、長さ10〜40cmで毛を散生する。葉は卵円形、下部では対生し、上部では互生。鈍い大型の鋸歯が2〜4対あって、両面に毛をまばらに付ける。葉腋に1個ずつ花を付ける。花冠は深く4つに裂け、青紫色で濃色の条があり、直径0.8cm。蒴果は扁平な倒心形で、毛が多い。県内にも広く分布して、どこにでも見られるが、写真のような白花のものは、めったに見ることはない。

●花期　１〜６月
●分布　**中国地方全域**　原産はユーラシア〜アフリカ

2007.3.18　広島市安佐北区

【フラサバソウ（フラサバ草）】　*Veronica hederaefolia*

変わった名前の帰化植物である。明治時代の初め頃に横須賀製鉄所に雇われたフランス人医師サバチエが長崎で採取した標本を、フランスの植物学者フランシェが研究しヨーロッパのものと同じであることを報告した。これを記念して、フラサバソウと名付けられた。茎は下部で枝を分け、長さ10～20cm。茎や葉の縁の毛は長くまばら。葉は下のものは対生、上では互生し、広い卵形。1～2対の鋸歯があって、つやがあるのが特徴。花は直径0.2～0.3cmで淡青紫色。県内では沿岸部に多い。

- 花期　３～５月
- 分布　**中国地方全域**　原産は欧州～アフリカ

2006.5.21　山県郡安芸太田町

【サンインクワガタ（山陰鍬形、別名：ニシノヤマクワガタ）】 *Veronica muratae*

山の木陰に生える。サンインクワガタのクワガタは、蒴果と萼の形が武者のかぶとと鍬形のような形をしていることから、またサンインは山陰地方に分布することで付けられた名である。茎は長く這い、立ち上がって高さ5～15cm。葉は卵形で、低い鋸歯があって対生し、上の葉のほうが大きい。花は葉腋に短い花序を出して数個付き、直径0.8cm。蒴果は扁平な扇状の菱形で、長さ0.4cm、幅0.9cmになる。県内では西部の中国山地沿いにまれに見られる。以前は、中部以北にあるヤマクワガタの変種とされたが、現在は別の種とされる。

●花期　５～６月
●分布　**中国地方全域**　本州（近畿以西の日本海側）

2010.5.4　安芸高田市高宮町

【マツバウンラン（松葉海蘭）】　*Linaria canadensis*

荒れ地や道端などに見られる帰化植物。1940年代に京都で初めて発見され、県内では沿岸部に広がっていたが、近年はどこでもごく普通に見られるようになった。茎は細く直立し、高さ30～60cm。葉は線形で、下部では対生または輪生し、上部では互生する。花は茎の上部に総状に多数付き、下から順に開花する。花は紫色の仮面のような形の唇形で、長さ0.4cm。下唇の中央に白い隆起があり、花の後ろには小さい距がある。群生するので、開花すると地面が紫に染まって美しい。

●花期　４～６月
●分布　**中国地方全域**　原産は北米

2005.5.29　庄原市西城町

【トキワハゼ（常磐爆）】　*Mazus pumilus*

畑や畦、庭などに普通に見られ、ムラサキサギゴケによく似ているが、やや乾いた所にも見られる。トキワハゼの名のハゼは、果実が裂けて種子が飛び散るので、「はぜる」からきている。トキワは花期が非常に長い意味だといわれているが、よく分かっていない。茎は直立して高さ5～25cm。葉は倒卵形で下部の葉は対生、上部の葉は互生する。花茎は上部で枝分かれして数個の花を付ける。花冠は長さ1cmで淡紫色。下唇は白っぽく、中央の付け根に2本のうね状の瘤があり、赤褐色の斑紋と毛がある。

●花期　4～11月
●分布　**中国地方全域**　北海道～琉球　朝鮮半島　中国　台湾　インド

2007.5.12　庄原市川西町

【ムラサキサギゴケ（紫鷺苔）】 *Mazus miquelii*

紫色の花は水田や畦にごく普通に見られる。まれに見られる花の白いものをサギゴケ f. albiflorusまたはサギシバと呼び、白い花をシラサギの姿に見立てた名である。その紫のものなのでムラサキサギゴケであるが、どちらが主でどちらが従かややこしい。匍匐(ほふく)茎をたくさん伸ばし、その先に新しい株をつくるので、どんどん広がって増える。花茎は高さ10～15cm。根生葉は倒卵形で鋸歯がある。花茎の上部で枝を分け数個の花を付ける。花冠は長さ1.5～2cmで、下唇の中央に2つの白いうね状の部分があって、赤褐色の斑と毛がある。

●花期　４～５月
●分布　**中国地方全域**　本州　四国　九州

2008.5.4　三原市本郷町

【クチナシグサ（梔子草、別名：カガリビソウ）】　*Monochasma sheareri*

雨の少ない丘陵地などの、日当たりの良い所に生える。中国地方では瀬戸内海側だけにあり、県内では吉備高原面南部にごくまれに見られる。実がクチナシの実の形に似ていることから、クチナシグサという名が付けられた。茎は斜上して高さ10～35cm。葉は広い線形で対生する。花冠は長さ1～1.3cmで、淡紅紫色。萼が大きく、長さ2～2.5cmもあり、4つに裂けて葉のように見える。果実はこの萼に包まれているため、名の由来にあるようにクチナシの実のように見える。

●花期　５～６月
●分布　**岡・広・山**　本州　四国　九州

2006.4.23　神石郡神石高原町

【ケヤマウツボ（毛山靫）】　*Lathraea japonica var. miqueliana*

ウツボは矢を入れるため竹で編んだ筒状の籠のことで、竹網代ともいう。その形に似ていて山に生え、毛が多いのでケヤマウツボという名が付けられた。地下茎は鱗片状の厚い葉で包まれ、花茎は高さ15～30cmで軟らかい毛が多い。茎葉は心形で腺毛が多く、その上に花を付ける。花冠は淡紅紫色で長さ1.2cm。ブナ科やカバノキ科などの樹木に寄生する。ハマウツボ科に含める説もあり、毛がほとんどないヤマウツボとの区別をせず、毛が多くてもヤマウツボとすることもある。中国山地から吉備高原面にごくまれに見られる。

●花期　４～５月
●分布　**岡・広**　本州（関東以西）　四国　九州

2008.5.25　三原市

【ハマウツボ（浜靫）】　*Orobanche coerulescens*

浜辺や河原の砂地にニョキニョキ生えている、葉のない不思議な植物である。浜にあってシソ科のウツボグサに似ているのでハマウツボという。花茎は高さ10〜25cmで白い毛がまばらに生える。葉はないと書いたが、鱗片状の黒褐色のものが葉である。茎の上部にたくさんの花を付け、花は長さ1.5cm、花冠は紫色。寄生植物で、カワラヨモギの根に寄生する。写真のすぐ後ろにある、細く裂けた葉がカワラヨモギである。砂浜のある自然の海岸や河原が失われたため、少なくなった。

●花期　５〜７月
●分布　**中国地方全域**　北海道〜九州　アジアから東欧の温帯から熱帯に分布

2007.4.10　三次市三良坂町

【レンプクソウ（連福草、別名：ゴリンバナ）】 *Adoxa moschatellina*

きれいなフクジュソウを引き抜いたところ、地下茎が引っかかって一緒に抜けてきたことから、フクジュソウに連なる草という意味で名付けられたという。茎は高さ8～15cmと小型で、直立する。根出葉は3出または羽状複葉で、小葉には切れ込みがある。茎葉は茎の中部に1対、対生する。花は頭状に集まって付き、黄緑色。頂生する花は花冠が4裂して8本の雄しべがあるが、まわりに付く花は花冠が5裂して10本の雄しべがある。北半球に広く分布しているが、少なく、県内でもごくまれにしか見られない。

●花期　３～４月
●分布　**岡・広**　北海道～本州　北半球の温帯

2003.4.29　庄原市総領町

【ツルカノコソウ（蔓鹿子草）】　*Valeriana flaccidissima*

カノコソウに似て、花期の後に細長い走出枝をたくさん伸ばすので、ツルカノコソウという。茎は直立して、高さ20～40cmとカノコソウより小さい。葉は羽状複生するが、先端の頂羽片が大きく卵形から披針形。側羽片は1～3対あり、下に行くほど小さい。葉の鋸歯は鈍く、少ない。花は散房状に付き、花冠は直径0.2cm。カノコソウよりも山の中にあり、山道沿いの湿った所によく見られる。県内では中国山地から吉備高原面にかけて広く分布しており、普通に見られる。

- 花期　４～５月
- 分布　**中国地方全域**　本州　四国　九州

2006.5.22　庄原市春田町

【カノコソウ（鹿子草、別名：ハルオミナエシ）】　*Valeriana fauriei*

たくさんの花が集まって付く様子が鹿の子絞りの模様のように見えるのでカノコソウという。根は吉草根と呼ばれ、独特の香りがある。この香り成分に鎮静作用があるため薬用にされるが、漢方ではなく、西洋医学の知識である。茎は直立して高さ40～80cm。細長い地下茎が伸びる。葉は羽状複生し、裂片は広い披針形で、鋭い鋸歯が多い。花は散房状に集まって付き、花冠は淡紅色で直径0.3cm。人里近くの林縁などの湿った所に見られ、県内では吉備高原面に点在するが少ない。

●花期　５～７月
●分布　**中国地方全域**　千島～九州　朝鮮半島　中国　台湾　サハリン

2007.5.11　庄原市掛田町

【ノヂシャ（野萵苣）】　*Valerianella locusta*

チシャはレタスの別名であるが、キク科のアキノノゲシの仲間である。ノヂシャは、欧州では若葉を食べ、英名をラムズレタス、仏名をマーシュといって、付け合わせなどにされる。野原のレタスの意味であるが、あまり似ていない。茎は直立して高さ20～40cm。葉は長い楕円形で、下の葉には柄があり、茎葉はわずかに鋸歯があって対生する。花序は密な集散状で、花冠は5つに裂け、淡青色。水路の脇など、野原の湿った所によく見られる。県内にも広く帰化している。

●花期　５～６月
●分布　**中国地方全域**　欧州原産

2006.4.17　庄原市木戸町

【フキ（蕗）】　*Petasites japonicus*

やや湿った林縁や川岸、畦などに見られる多年草。地下茎は土中を長く這い、まばらに葉を付ける。葉は円形で葉柄は長く、普通20～40cmであるが、倍数体のアキタブキは2m、北海道のラワンブキは3mに達する。県内でも北部の中国山地沿いには高さ80ｃｍを超える大型のものが見られる。早春に高さ5～10cmの花茎を伸ばし開花する。これが「ふきのとう」である。花後茎は高く伸びて50～80cmになり、冠毛のある痩果を飛ばす。食用に栽培されることもある。

●花期　３～４月
●分布　**中国地方全域**　千島～琉球　サハリン　朝鮮半島　中国

2006.5.15　庄原市新庄町

【ハルジオン（春紫苑）】　*Erigeron philadelphicus*

北米原産の帰化植物。路傍や庭などで見かける。越年草で、秋に芽を出し、長い柄のある幅の広い根生葉で冬越しし、春に開花する。根生葉は花期にも残る。頭状花を構成する中心部の管状花は黄色、周囲の舌状花は白で、舌状花はときにピンクがかっていることもある。開花前の蕾が垂れ下がっているのは本種の大きな特徴。茎は高さ30～50cmで中空、茎葉は楕円形～披針形で茎を少し抱いている。日本には大正時代に帰化したといわれている。

●花期　３～８月
●分布　**中国地方全域**　原産は北米

2010.6.13　呉市倉橋町

【ヒメジョオン（姫女菀）】　*Erigerom annuus*

北米原産の帰化植物で、路傍や畦、庭、荒れ地などでごく普通に見られる越年草である。茎は高さ50～100cmで、先端付近で何度か分枝する。葉は楕円形～披針形で鋸歯がある。春から秋、白い舌状花と黄色い管状花からなる頭花を咲かせる。明治の初め頃帰化したといわれ、「鉄道草」の名があるように交通機関の発達とともに全国に広がったようである。ハルジオンとは茎が中実で、蕾が下向きに垂れないこと、花期に根生葉がないこと、茎葉が茎を抱かないこと、花期が長いことなどが異なる。

●花期　５～11 月
●分布　**中国地方全域**　原産は北米

2010.5.4　安芸高田市高宮町

【ハハコグサ（母子草）】　*Gnaphalium affine*

春の七草の御形（オギョウまたはゴギョウ）で、若い茎や葉を食用にする。水田や庭、道ばたなどに普通に見られる越年草である。秋から冬はロゼットで過ごし、根生葉はへら型。春先に高さ10～30cmほどの茎を伸ばし、先端付近で分枝して多数の黄色い頭花をかためて付けている。茎葉は細いへら型である。全体に白いクモ毛を密生しており、その様子からホウコウグサと呼ばれていたものが訛（なま）ったと考えられる。県北ではヨモギやキクバヤマボクチなど葉裏にクモ毛がある草で作る草餅を「ほうこうもち」と呼んでいる。

●花期　３～６月
●分布　**中国地方全域**　日本全土　中国　インドシナ　インド

2005.5.23　庄原市木戸町

【チチコグサ（父子草）】　*Gnaphalium japonicum*

乾いた明るい草地に見られる多年草。冬は線形のロゼット葉を放射状に広げているが、春に分枝しない茎が立ち上がり、高さ8〜25cmに達する。その先端に頭花をかたまり状につけ、付け根に先端が尖った披針形の苞葉が数枚付いている。この様子は、ウスユキソウ類（エーデルワイスの仲間）のようにも見えるが、葉の表面が緑なのであまり目立たない。チチコグサの名の由来はハハコグサに似て異なることから付けられたとする説もあるが、よく分かっていない。

●花期　5〜10月
●分布　**中国地方全域**　北海道〜琉球　朝鮮半島　中国

2010.6.2　三次市三良坂町

【ウスベニチチコグサ（薄紅父子草）】　*Gnaphalium purpureum*

北米原産の多年草。高さ10～30cm。冬は長いへら型のロゼット葉で過ごし、春から夏に茎の先に多数の頭花を付ける。全体に毛があり、葉や茎は白っぽいが、頭花の上部がほんのりと薄紅色に染まっている。蕾の時期はやや色が濃い。近年、チチコグサの仲間の植物が多数帰化しており、いずれもよく似ているため見分けがつきにくい。ウスベニチチコグサによく似たものにウラジロチチコグサがあるが、こちらはロゼット葉が楕円形で表面につやがあり、茎葉も先があまり尖らず、花序が長いなどの違いがある。

●花期　４～８月

●分布　**中国地方全域**　原産は北米

2006.4.17　庄原市峰田町

【センボンヤリ（千本槍）】　*Leibnitzia anandria*

2007.10.20　果になった閉鎖花

春と秋の二回花を咲かせるが、これほど表情を変える花も珍しい。羽状に浅～深裂するロゼット葉の中央に花茎を立たせるのは共通であるが、春は全体小型で、高さ10cmほどの花茎に直径1.5cmの頭花を付ける。小花の舌状花は表は白、裏は紫で春の野に似合うかわいらしい花である。秋は大きくなり、高さ15～20cm。槍の穂に似た形の閉鎖花を付ける。多くの花茎が立っている姿からこの名がある。

●花期　４～６月、９～１１月
●分布　**中国地方全域**　千島～琉球　シベリア　中国　台湾

2010.4.16　庄原市高門町

【オカオグルマ（丘小車）】　*Senecio integrifolius var. spathulatus*

明るい草地のやや乾いた所に見られる多年草。高さ20～60cm。根生葉はロゼットをなし、楕円形～楕円状披針形でやや丸みがあり、茎葉は披針形で茎を抱き、どちらにも柄がない。葉や茎全体にクモ毛が多く、白っぽく見える。茎の先端に直径2～4cmの黄色い頭花を多数付ける。小車は牛車の車輪のことで、この仲間の頭花をつくる舌状花が、放射状にきれいに並んでいるさまを、車輪に見立てたものである。いわゆるオグルマは秋の花で、本種やサワオグルマとは姿がずいぶん異なる。

●花期　４～６月
●分布　**中国地方全域**　本州　四国　九州

2010.6.6　山県郡北広島町

【サワオグルマ（沢小車）】 *Senecio pierotii*

水田の畦や流れの緩い水路脇など湿った所に見られる多年草。高さ50～80cmに達する。葉は披針形で根生葉は長い柄があり、茎葉には柄がなく、茎を少し抱く。茎の先端に直径3～4cmの黄色い頭花を多数付ける。オカオグルマに似て見分けにくいが、湿った所に生えること、クモ毛が少ないこと、根生葉に柄があり丸みがないこと、茎葉が多いこと、痩果に毛が生えていないことなどが異なっている。花も大きいので、オカオグルマより豪華な感じに見える。ときに休耕田などに群生していることがある。

●花期　４～６月
●分布　**中国地方全域**　本州～琉球

2007.6.12　庄原市木戸町

【ノアザミ（野薊）】　*Cirsium japonicum*

アザミの多くは晩夏から秋にかけて開花するが、このアザミだけは春から花を見ることができる。畦や路傍の湿った所に見られ、高さ50～100cmになる。頭花は直径3～3.5cmで紅紫色。総苞はつぼ型で、総苞片は細く、先端が少し開出し、背面の腺体はよく粘る。5月頃のノアザミは花茎が太く、根生葉があるが、6月以降に開花したものは、花茎が細長く、根生葉が枯れているものも多い。8月頃まで咲くが、10月頃に花を付けていることもある。葉裏に毛のあるものをケショウアザミ var. vestitumという。

●花期　5～10月
●分布　**中国地方全域**　本州　四国　九州

2007.5.20　東広島市三永町

【キツネアザミ（狐薊）】 *Hemistepta lyrata*

人里の周辺のやや乾いた場所に見られる二年草。高さ60～80cmで、上部で枝分かれして、直径2cmで薄紫色の多数の頭花を付ける。葉は羽状に深裂し、裂片の隙間が広い。頭花の総苞外片の背面に、鶏冠のような小さな突起があり特徴的。キツネアザミの名を付けた人は、遠目にはアザミの仲間のように見えるが、近寄って触ってみると棘もなく、別の花だったという、キツネにつままれたような経験をしたのだろうと想像する。史前帰化植物の一つだといわれる。

●花期　４～６月
●分布　**中国地方全域**　本州～琉球　朝鮮半島　中国　インド　オーストラリア

2010.5.29　庄原市東城町

【ヒレアザミ（鰭薊）】　*Carduus crispus*

アザミに似た、高さ70～100cmに達する大型の越年草。人里の路傍や荒れ地のやや湿った場所に見られる。葉の鋸歯の先が棘になっているだけでなく、葉から沿下した翼が茎にあり、その縁にも同様の棘が多い。この翼があることからヒレアザミの名がある。花の総苞も総苞片が細長く、開出して先端が鋭く尖っている。赤または白の頭花を付ける。アザミ属との大きな違いは痩果の冠毛にあり、アザミ属は冠毛の一本一本が羽状に分枝しているが、ヒレアザミ属は冠毛が分枝しない。

●花期　5～7月
●分布　**中国地方全域**　ユーラシア全域（史前帰化植物）

2009.5.30　三次市向江田町

【ブタナ（豚菜、別名：タンポポモドキ）】 *Hypochoeris radicata*

外来種で、河川敷や公園などの芝生、畑などに広く見られる。ロゼット状の根生葉の中心から高さ20～80cmの茎を直立させ、数回分枝して、その先端に直径3cmの黄色いタンポポに似た頭花を咲かせる。一見タンポポの仲間のように見えるが、タンポポ属は花茎が太く中空で、分枝しない。ブタナの名はフランス語のSalade de pore（ブタのサラダ）からきている。日当たりの良いやや乾いた場所ならどこにでも生えてくるうえ、根が深く、駆除しにくいことから害草扱いされている。

●花期　６～８月
●分布　**中国地方全域**　原産は欧州　ほぼ全世界に帰化

2009.5.10　広島市佐伯区

【ノゲシ（野芥子、別名：ハルノノゲシ）】　*Sonchus oleraceus*

人里にごく普通に見られる越年草。ロゼットで冬を越し、春にその中央から直立した茎を伸ばし、高さ30～100cmになる。葉の上部は羽状に深裂し、下半は切れ込まず、ごく低い鋸歯がある。鋸歯の先端は尖り、棘のように見えるが触っても痛くない。葉の基部が茎を抱き、その先端が尖っている。春と秋に直径2cmのタンポポに似た、黄色い頭花を付ける。ケシとは縁もゆかりもない植物だが、葉の形ややや白っぽい葉や茎の色、傷つけると乳液を分泌することなどがケシに似ていることから名付けられたといわれている。

●花期　４～６月、９～１０月
●分布　**中国地方全域**　ほぼ全世界（欧州原産の史前帰化植物）

2005.5.15　庄原市宮内町

【オニノゲシ（鬼野芥子）】 *Sonchus asper*

路傍や畑地、荒れ地などに見られる越年草。ノゲシに似ているが全体に大型で、茎は高さ50～100cm。葉の形も似ているが、硬くて、あまり深く切れ込まず、鋸歯の先端の棘も硬く、触ると痛い。また、葉に光沢があり、基部の茎を抱いた部分も円く、耳のような形になって反り返るのがノゲシとは異なっている。花もよく似ているが、ノゲシより小花の数が多い。ノゲシに似て大きく、とげとげしい様子からオニの名を付けられたものと思われる。

●花期　2～11月
●分布　**中国地方全域**　原産は欧州　ほぼ世界中に帰化

2010.5.4　府中市木野山町

【ジシバリ（地縛り、別名：イワニガナ）】 *Ixeris stolonifera*

細長い茎が地面を這い、根を下ろして増える。葉は長さ1～3cmの円形～楕円形で、2～3cmの長さの葉柄がある。花茎は高さ5～10cmで、葉を付けず、2～3分枝して、その先端にすべて舌状花からなる直径2cmの黄色い花を付ける。痩果は4～6mm、冠毛は約5mmで白い。水田の畦や畑、路傍などの日当たりの良い所に見られる。茎が地面を這う様子からジシバリの名が付いたと考えられる。別名のイワニガナは岩の上にも生える強い草と言う意味であろう。県内では全域で普通に見られる。

●花期　４～６月
●分布　**中国地方全域**　北海道～琉球　朝鮮半島　中国

2009.5.15　庄原市板橋町

【オオジシバリ（大地縛り、別名：ツルニガナ）】 *Ixeris debilis*

茎が地面を這い、ジシバリによく似ているが、葉はへら形で、葉身の下部が羽状に切れ込むことが多く、柄と合わせて長さ6～18cm、幅1.5～3cm。花茎は高さ10～30cmになり、1～4回ほど枝を分けて、先端に黄色の舌状花からなる頭花を付ける。痩果は長さ7～8mmで、冠毛は約7mm。田の畦や道端に生えるが、ジシバリより湿った所を好む。ジシバリに似て全体が大型なのでこの名がある。県内では全域に普通に見られる。

●花期　４～６月
●分布　**中国地方全域**　北海道～琉球　朝鮮半島　中国

2003.5.15　三次市三良坂町

【ニガナ（苦菜）】 *Ixeris dentata*

路傍や水田の畦など明るい草地にごく普通に見られる多年草で、茎は直立し、高さ20～70cm。根生葉は柄があり、へら型。茎葉は無柄で茎を抱き、長さ5～10cm。5～7個の小花からなる直径1.5cmの頭花を付ける。小花の数が少ないので華やかさはないが、可憐な感じのする花である。キク科の中でニガナやタンポポなどをタンポポ亜科と呼び、この仲間のものは植物体を傷つけると白い乳液を出す。これが苦いことからニガナの名が付いた。花の白いものはシロニガナ var. albidaと呼ばれ、まれに見られる。

●花期　５～７月
●分布　**中国地方全域**　南千島～琉球　朝鮮半島　中国

2009.5.23　安芸高田市甲田町

【ハナニガナ（花苦菜、別名：オオバナニガナ）】　*Ixeris dentate var. albifiora f. amplifolina*

ニガナの変種シロバナニガナの品種で花が黄色いものを指す。ニガナによく似ているが、全体が大型で、茎は高さ30～70cm。花は直径2cmあり、頭花を構成する舌状花が8～11個のものを指す。生えている場所や花期などはニガナとほぼ同じであるが、茎が太く、茎の先端付近で多く枝を分け、ニガナより多くの花を付ける。花も大きく小花の数が多いことから、ニガナより華やかさがある。花が大きいので付けられた名前であろう。

●花期　５～７月
●分布　**中国地方全域**　北海道～琉球

2005.6.19　庄原市西城町

【シロバナニガナ（白花苦菜）】 *Ixeris dentate var. albifiora*

ニガナには多くの亜種や変種、品種がある。シロバナニガナは全体が大型で花が白い変種。ハナニガナはシロバナニガナの黄色い花の品種ということになる。ニガナ属の多くは花が黄色で、野外ではハナニガナのほうを普通に見かけるので、ハナニガナの品種がシロバナニガナのように思えるが、植物分類学上は先に記載されたシロバナニガナのほうが母変種となり、後から記載されたハナニガナがその品種という不思議な扱いになってしまう。花が白いこと以外はハナニガナとほぼ同じである。

●花期　５～７月
●分布　**鳥・岡・広・山**　北海道～琉球

2010.5.29　庄原市板橋町

【ノニガナ（野苦菜）】　*Ixeris polycephala*

田んぼの畦や河原などのやや湿り気のある場所に見られる越年草で、茎は高さ15～50cm。茎葉に特徴があり、先端が鋭く尖った狭披針形で基部は矢じり型になり、白っぽい。頭花は黄色で小さく、直径8mm。小花の数は多く15～25個ある。花後の総苞は次第に膨らみ、径7～8mmになる。野に見られるニガナという意味で名付けられたものであろう。広島県内の分布域は広く、南部から北部までに記録があるが少ない。全国的に見ても、山口県などのように絶滅危惧種に指定されている県もある。

●花期　４～５月
●分布　**岡・広・山**　本州～琉球　朝鮮半島　中国　台湾　インド　コーカサス

2010.5.22　神石郡神石高原町

【タカサゴソウ（高砂草）】　*Ixeris chinensis var. strigosa*

山地のやや乾いた草原などに見られる多年草で、茎は高さ20～40cm。葉は茎の下部に集まって付く。小花は23～27個あり、頭花の直径は2.5cm。シロバナニガナに似ているが、花がやや淡紫色を帯び、頭花の数が少ないことや、冠毛が純白（シロバナニガナは淡褐色）であること、茎が細く繊細であることなどで区別できる。白い花から、能「高砂」の老夫婦の白髪を連想して付けられたという風雅な名である。

●花期　４～７月
●分布　**岡・広・山**　本州　四国　九州　朝鮮半島

2005.4.27　庄原市宮内町

【オニタビラコ（鬼田平子）】　*Youngia japonica*

路傍や庭などにごく普通に見られる越年草または一年草。全体に軟毛があり、茎は直立して高さ20～100cm。葉は羽状に浅裂から深裂し、茎の下部に集まって付き、茎葉は少なく小型である。茎の上部で枝を分け、直径8mmの頭花を多数付ける。まだ正式に記載されていないが（アオ）オニタビラコとアカオニタビラコに分けられると言う説がある。（アオ）オニタビラコは茎が多数出て細く、茎葉がほとんどないが、アカオニタビラコは茎が1本で太く、多毛で茎葉が付き、4～5月にしか開花しないという。

●花期　4～11月
●分布　**中国地方全域**　日本全土　中国　インド　ヒマラヤ　オーストラリア

2005.4.21　庄原市戸郷町

【コオニタビラコ（小鬼田平子、別名：タビラコ）】　*Lapsana apogonoides*

春の七草のホトケノザ（仏の座）は本種であるといわれている。七草粥に入れるとほろ苦く、早春の香りと言いたいような独特の香りがある。春にまだ水が張られていない水田で開花し、痩果は淡黄褐色。茎は横に広がり10～25cm。葉はロゼット状に広がる。仏の座はこのロゼットの形を仏様の台座の蓮弁に例えたのであろう。コオニタビラコの名は小型のオニタビラコの意であるが、オニタビラコのほうは剛壮なタビラコの意であり、タビラコはコオニタビラコの別名である。なんとややこしいことか。

●花期　３～５月
●分布　**中国地方全域**　本州　四国　九州　朝鮮半島　中国

2007.5.11 庄原市川手町

【ヤブタビラコ（藪田平子）】 *Lapsana humilis*

コオニタビラコに似ているが、やや毛が多い。田んぼの畦などにもあるが、路傍の半日陰のような場所によく見られる。ヤブタビラコ属はオニタビラコに似ているが別の属で、オニタビラコにあるような瘦果の冠毛がない。コオニタビラコとの区別点も瘦果にあり、コオニタビラコの瘦果は淡黄褐色で上部に角状の突起があるが、ヤブタビラコの瘦果は赤褐色で突起を持たない。藪に生えるタビラコという意味の名で、生育環境の違いをよく表している。

●花期 3～7月
●分布 **中国地方全域** 本州 四国 九州 中国

2003.4.27　庄原市高野町

【クシバタンポポ（櫛葉蒲公英）】　*Taraxacum pectinatum*

葉の形が非常に特徴的。切れ込みが深く、裂片が細いので、まさに櫛の歯のようである。花茎は高さ10～40cm、頭花の直径は2.5～4cmで濃い黄色である。総苞は太く、総苞片の幅も広く卵形から広卵形で先端がこぶ状になる。県内では世羅台地や神石高原、中国山地にかけて分布しており、北東部には多い。四倍体の無融合生殖種なので、結実はよいが、花粉は不ぞろいである。葉の形については季節や環境によって切れ込みの程度は異なり、櫛の歯状にならないこともある。

●花期　４～５月
●分布　**鳥・島・岡・広**　本州（北陸～中国地方）　四国

2005.4.10　庄原市総領町

【ヤマザトタンポポ（山里蒲公英）】　*Taraxacum arakii*

やや大きめのタンポポで、頭花の色がやや薄い黄色である。葉の形はクシバタンポポのように櫛の歯状にはならず、裂片は幅が広い。高さ10〜40cmの花茎に直径2.5〜5cmの頭花を付ける。総苞はやや細く、総苞外片は長楕円状披針形で角状突起があるものが多く、総苞内片の2分の1より少し長い。四倍体の無融合生殖種である。クシバタンポポと似たような分布で、主に中国山地沿いに見られる。頭花が大きく角状突起が発達するケンサキタンポポと呼ばれるものもあるが、ヤマザトタンポポとの区別がよく分からない。

●花期　４〜５月
●分布　**中国地方全域**　本州（近畿）　四国

2006.4.28　庄原市総領町

【シロバナタンポポ（白花蒲公英）】　*Taraxacum albidum*

子どもの頃タンポポは白いものだと思っていた。広島県ではカンサイタンポポが少なく、県北などに見られるクシバタンポポやヤマザトタンポポも県の中部では滅多にお目にかからないため、セイヨウタンポポがはびこる以前はシロバナタンポポが主流であった。花は白いが中心部は黄色みを帯びており、舌状花弁の裏には黒い条がある。この仲間では最も背が高く、花茎は15～50cmになる。総苞外片は内片の2分の1を超え、先端に角状突起があり、やや開出する。五倍体の無融合生殖種である。

●花期　４～５月
●分布　**中国地方全域**　本州（関東以西）　九州　四国

2007.4.15　神石郡神石高原町

【キビシロタンポポ（吉備白蒲公英）】 *Taraxacum hideoi*

シロバナタンポポに似ているが、花は真っ白ではなくややクリーム色がかっていることが多い。シロバナタンポポより背が低く、高さは10〜30cm。総苞片は楕円状披針形で角状突起はほとんど見られず、縁が赤みを帯びており、クモ毛が多い。痩果の色が濃いことも本種の特徴で、濃褐色〜黒褐色。岡山県で発見されたのでこの名があり、岡山県が分布の中心。広島県では東部の県境付近に多く見られ、西に行くとほとんど見られなくなる。四倍体の無融合生殖種。

●花期　４〜６月
●分布　**岡・広・山**　本州（近畿）

2006.4.28　庄原市総領町

【セイヨウタンポポ（西洋蒲公英）】　*Taraxacum officinale*

欧州原産の多年草。葉は長さ10～30cm、切れ込みは羽状深裂～浅裂してロゼット状。ロゼットの中心から高さ10～40cmの花茎を伸ばし、その先端に直径2.5cm～5cmの頭花を一個付ける。外来種のタンポポと在来種との違いの最も顕著なものは総苞片の形態で、在来種のほとんどは総苞外片が上向きであるのに対して、外来種は総苞外片が下向きに反り返る。明治時代には帰化していたといわれているが、急激に広まったのは1970年代以降で、圃場（ほじょう）整備などの開発によるものではないかと思われる。

●花期　1～12月
●分布　**中国地方全域**　原産は欧州　ほぼ世界中に帰化

2007.5.12　庄原市中本町

【アカミタンポポ（赤実蒲公英、別名：キレハアカミタンポポ）】　*Taraxacum laevigatum*

セイヨウタンポポと同様に欧州原産で、より乾燥した地域に自生しているという。そのため日本でも市街地のコンクリートの隙間のような乾いた場所にも見られ、都市部ではセイヨウタンポポより多い所もある。セイヨウタンポポに形がよく似て、総苞外片は反り返るが、全体小型のものが多く、頭花は直径2～2.5cmである。また葉も切れ込みの細かいものが多い。しかし、セイヨウタンポポと紛らわしい個体も多く、特徴的なレンガ色の痩果を見て初めてアカミタンポポだと分かることもしばしばである。

●花期　２～７月
●分布　**中国地方全域**　原産は欧州　ほぼ世界中に帰化

2003.5.1　庄原市総領町

【カンサイタンポポ（関西蒲公英）】 *Taraxacum japonicum*

近畿以西に見られる在来種のタンポポとしては最も有名であるが、広島県には少なく、南東部以外ではあまり見られない。全体が小型で、ロゼット葉は5～20cm。2～5月にその中心から高さ5～30cmの数本の花茎を伸ばし、その先端に一つずつ頭花を付ける。頭花の直径は2～3cmで、総苞外片の長さは総苞内片の2分の1以下である。二倍体の有性生殖種で自家不和合性なので、他の株の花粉でしか受精しない。そのため孤立した株では痩果が、しいなになっていることがよくある。

●花期　４～６月
●分布　**鳥・岡・広・山**　本州（近畿）四国　九州北部

2010.3.6　三次市作木町

【ホソバナコバイモ（細花小貝母）】 *Fritillaria amabilis*

この仲間では花が細い。春植物の一つ。3月初旬頃から咲き始め、春を感じさせてくれる。高さ10～20cm、茎の上部に広線形の葉を対生と3輪生に付ける。3輪生のほうが上で幅が狭い。花は細い筒状鐘形、長さ約1.5cm、茎の先に1個下向きに咲く。花被片は6枚、淡紫色で少し濃いめの条が入る。網目模様はなく葯は白色。先はあまり開かない。県内では里山の林縁、民家近くの墓の周辺で見ることが多い。

●花期　３～４月
●分布　**島・岡・広・山**　九州

早春の山裾に群生するホソバナコバイモ（2010.3.14　山県郡）

2010.5.5　廿日市市吉和町

【カタクリ（片栗、古名：カタカゴ）】　*Erythronium japonicum*

春植物。この花を見たことがなくても、名前だけは誰もが知っている。古名の「かたかご」が「かたこゆり」になり、さらに転じて「かたくり」になったといわれている。高さ15～20cm。葉は長楕円形で2枚、長さ6～12cmで厚く柔らかい。花の大きさは約5cm、茎頂に淡紅紫色の花を下向きに付ける。6枚の花被片は強く反り返る。花が咲くまでに7～8年かかる。曇りや雨の日は花が開かない。県内では最近、里山の手入れがされるようになり、多くなったようだ。里山のほか県西部では標高1000mぐらいの山でも群生している。

●花期　4～5月
●分布　**中国地方全域**　南千島　北海道～九州　朝鮮半島　中国　サハリン

2004.4.5　三次市後山町

【アマナ（甘菜）】　*Tulipa edulis*

地中の鱗茎が甘くて食べられる。鱗茎から一本の茎が出る。高さ15～20cm、２枚の葉は地際から横に開くように出てくる。柔らかく白緑色で広線形、長さ15～25cm。花茎の高さは15～20cm、先に1個の花を付ける。花の少し下に1対の苞葉がある。花被片は6枚、隣同士が外と内になっている（外花被片と内花被片）。花の大きさは2.5～3cm。内側は白色、外側には暗紫色の条が入る。曇りや雨の日は開かない。県内に広く分布し、日当たりの良い田畑の土手や雑木林の縁などでよく見かける。

●花期　３～５月
●分布　**中国地方全域**　本州（福島県以南　石川県以西）四国　九州　奄美大島

2008.3.22　庄原市総領町

【キバナノアマナ（黄花の甘菜）】　*Gagea lutea*

アマナに似ているが、花が黄色で少し大きい。晴れた日、この花は両手をいっぱいに広げたように咲いていた。根生葉は1枚、広線形でやや厚く白緑色で長さ15～30cm。花茎と同長か、やや長い。花茎の高さ15～23cm、花柄の長さは不ぞろいで、その先に4～10個の花が散形状に付く。花被片は6枚、裏面が緑色を帯び、咲き始めは淡緑色、開くと鮮やかな黄色で大きさは約2cm。花茎に2個の苞葉が付き、下のほうが長い。日当たりの良い草地や林縁に生えるが、県内ではアマナより寒い所に生育し、アマナより少ない。

●花期　４～５月
●分布　**鳥・岡・広・山**　北海道　本州（中部以北　西部）　四国　欧亜大陸

2006.5.7 庄原市

【ホソバノアマナ（細葉の甘菜）】 *Lloydia trflora*

この仲間では葉が細い。高さ15〜20cm。鱗茎は球形で長さ約1cm。鱗茎から1枚の葉と1本の茎が出る。根生葉は線形で長さ10〜20cm、幅1.3〜3mmと細い。花茎の高さは10〜20cm、葉の長さと同じぐらいになる。上部に数枚の葉を付けるが、上のほうが小さい。花は約2.5cm。白い花被片に淡緑色の条があり、茎の先端で枝を分け、2〜6個の花が上向きに咲く。花被片に腺体がない。他県でこの花は、標高1000mぐらいの山で咲いていた。県内では1か所、山すその湿った所に咲く。

●花期　４〜５月　　●分布　**鳥・島・岡・広**　千島　本州　四国　九州　朝鮮半島　中国　サハリン　カムチャツカ　シベリア

2006.4.25 庄原市川西町

【ショウジョウバカマ（猩々袴）】 *Heloniopsis orientalis*

名は花の色を猩々の赤い顔に、緑色の根生葉を袴に例えたといわれている。海岸から高山まで多様な生活環境に生える植物で、花芽の形成は前年の夏に始まる。根生葉は倒披針形で長さ6～20cm、光沢がある。花茎は根生葉の中心から出て、高さ10～30cm。その先に3～10個の花が半円形に付き、横向きに咲く。花は約1.5cm、淡紅色から濃紅色。花は先に雌しべが成熟し、後に雄しべが成熟する。花後花茎は50～60cmにもなり、咲き始めの頃とは違った感じになる。葉は冬も枯れずに残る。県内全域に生え、花期も長い。

●花期　３～５月
●分布　**中国地方全域**　北海道～九州　朝鮮半島　サハリン

2006.4.9　山県郡安芸太田町

【シロバナショウジョウバカマ（白花猩々袴）】　*Heloniopsis orientalis var. flavida*

花の色が違うだけで姿はショウジョウバカマとよく似ている。葉の形、花の大きさ、咲き方はほぼ同じ。違うのは花期がやや早くて短い。葉の表面は波打ち、縁も細かい波状になる。湿った所に群生する。この仲間は花が開き始める前、蕾の時から成熟した雌しべの先端が出てくる。花が開いてしばらくしてから雄しべが成熟する。昆虫が少ない早春の頃、この花は自家受粉と、昆虫によって他家受粉をする仕組みの両方を備えている。県内では西部山地、林縁の湿った所で群生しているのを見る。

●花期　３～４月
●分布　**鳥・島・広・山**　本州（関東以西）　四国

2006.5.1　庄原市比和町

【エンレイソウ（延齢草）】　*Trillium smallii*

地下茎が薬用とされたことから延齢草の名が付いた。エンレイソウの花が、どんな花かと尋ねられたら少し考えるが、葉はすぐ思い出せる。茎は高さ20～40cm、茎頂に3枚の葉が輪生状に付く。卵状菱形で長さも幅も6～17cmで先は急に尖る。花は約2cm、2～4cmの柄があり、輪生状の葉の上で横向きに1個咲く。外花被片は3枚、長さ1.5～2cm、緑色～褐紫色、卵状長楕円形で花後も残っている。内花被片はない。液果は3稜のある球形で1～2cm。県内では山地から低山の木陰や湿った所で見る。

●花期　4～5月
●分布　**中国地方全域**　南千島　北海道～九州　サハリン

2005.5.8　庄原市東城町

【シロバナエンレイソウ（白花延齢草、別名：ミヤマエンレイソウ）】 *Trillium tschonoskii*

花の色が白く、エンレイソウよりやや高所に生育するので、ミヤマエンレイソウともいう。薄暗い湿った林床に、緑色の大きな葉、白色の花は印象的。花期、姿、葉はエンレイソウに似る。外花被片は淡緑色、花びら状の内花被片は白色で外花被片より長い。エンレイソウには内花被片がない。内花被片が淡紫色を帯びるものがあり、ムラサキエンレイソウ P. violaceumという。県内では、どちらもまれ。

ムラサキエンレイソウ

- 花期　4～5月
- 分布　**広**　北海道～九州　朝鮮半島　中国　サハリン

2002.4.28　庄原市東城町

【チゴユリ（稚児百合）】　*Disporum smilacinum*

小型の花を稚児に見立てた。地中を横に這う根茎があるので、地上で群生しているのを見る。茎は少しジグザグしている。高さ10～30cm、ほとんど枝分かれしないが、わずかに枝分かれするものもある。葉柄は短く、葉は広楕円形で長さ4～7cm。互生で先は尖る。花は約2cm。茎頂に1個白色の花を下向きに付ける。花被片は披針形で6枚、先は尖り広鐘形に開いた花は、星のように見える。球形の液果は0.7～1cm、黒く熟す。県内では山地、林内から林縁と広く生育する。

●花期　4～5月
●分布　**中国地方全域**　南千島　北海道～九州　朝鮮半島　中国

2010.5.4　府中市河佐町

【ホウチャクソウ（宝鐸草）】　*Disporum sessile*

花の形が寺院の軒に吊るされている宝鐸に似ている。茎の高さは30～50cm、上部で枝分かれする。葉は卵状楕円形で長さ5～11cm、先は尖る。平行した3行脈が目立つ。花の長さは約3cm、枝先に1～2個が下向きに咲く。蕾から咲き始めは緑色で、次第に白色になり先端だけに緑色が残る。花被片は6枚、筒状で半分から下が少し膨らむが、広く開くことはない。基部は距（小さな袋状）になってここに蜜がたまる。雄しべも雌しべも花被片より短く、筒の中に包まれている。液果は球形で黒く熟し約1cm。県内では山地に生育する。

●花期　４～５月
●分布　**中国地方全域**　北海道～九州　朝鮮半島　中国　サハリン

2007.4.7　庄原市総領町

【ヒメニラ（姫韮）】 *Allium monanthum*

春植物。小さくてかわいらしい韮。かすかに韮の匂いがする。小さいので、ほかの植物の中に混じってしまうと、見つけるのが難しい。花茎は細く、高さ10～20cm。基部に線形の葉が2枚付き、長さ10～20cm。花茎の先に1個の花が付く。花被片は６枚で小さく、4～5mm、淡紫色に濃紫色の条が入る。真っ直ぐ上向きに咲くが、大きく開くことはない。雌雄異株だが、雄しべの退化が著しくほとんど結実しない。地下の鱗茎で増える。県北の限られた場所で見るが、少ない。

●花期　３～４月
●分布　**岡・広**　北海道～本州（近畿以東）　四国　朝鮮半島　中国（東北）　ウスリー

2004.5.9 庄原市東城町

【ユキザサ（雪笹）】 *Smilacina japonica*

白色の花を雪に、葉をササの葉に例えた。茎は高さ30〜70cm、斜めに立つ。枝分かれはしない。茎、葉、花序、花柄に粗い毛が多い。葉は卵状長楕円形で長さ6〜15cm、幅2〜5cm、平行脈が目立ち先は尖る。茎頂に円錐花序を付け、白色で小さい花をたくさん付ける。花の重みで花序は傾く。花の大きさは6〜7mm、花被片は6枚平開する。初冬、葉は枯れ果実は赤く熟す。登山道沿いでこの実に雪が降っていた。色のなくなる冬の山では印象的だ。県内では低山地、ブナ林の林床で見る。

●花期　5〜7月
●分布　**中国地方全域**　北海道〜九州　朝鮮半島　中国　ウスリー　アムール

2003.5.11　庄原市上原町

【アマドコロ（甘野老）】　*Polygonatum odoratum var. pluriflorum*

根茎が円柱形で横に長くなる。それがトコロ（ヤマノイモ科）に似ている。苦味のあるトコロに対して、甘味があって食べられる。茎はやや斜めに立ち、高さ30～50cm、中部以上に稜がある。葉は楕円形で長さ5～10cm、幅2～5cm、緑色で裏はやや白い。花は白く筒型で長さ約２cm。葉腋から花柄が出て、下に曲がり1～2個の花がぶら下がって咲く。先端は緑色で浅く6裂し、少し開く。果実は約1cmの球形で黒紫色に熟し白粉をかぶる。県内では山野で普通に見る。

●花期　４～５月
●分布　**中国地方全域**　北海道～九州　朝鮮半島　中国

2010.6.19　庄原市高野町

【ナルコユリ（鳴子百合）】　*Polygonatum falcatum*

花が葉腋に並んで垂れ下がっている様子を、鳥を追う鳴子に見立てた。アマドコロとよく似ている。茎はやや斜めに立ち、高さ30～50cm。稜はなく、切り口はほぼ円形。葉は披針形、長さ5～13cm、幅1～2.5cmと長く細い。また葉の中央には白い縦筋が入ることもある。葉腋から出た花柄は下がり1～5個の花を付ける。花の長さは約2cm、白色で先端は緑色、浅く6裂して少し開く。花の基部に小さい緑色の部分があるのも特徴。果実は約1cm、黒紫色に熟す。山地の林下に生える。

●花期　５～６月
●分布　**中国地方全域**　本州～九州　朝鮮半島　中国（東北）

2007.6.7　東広島市豊栄町

【ミヤマナルコユリ（深山鳴子百合）】　*Polygonatum lasianthum*

深山と付くが、奥深い山に生えるのではなく、アマドコロやナルコユリと同じような所に生える。茎はやや細く、高さ30〜50cm。上部はややジグザグに曲がる。葉は広楕円形〜長楕円形、長さ6〜11cm、幅3〜5cm。縁は大きく波打ち、裏面は粉白色を帯びる。花柄は葉腋から出て、葉の裏に沿って斜上し、2〜3に分かれ花の重みで曲がる。これによってアマドコロやナルコユリと区別できる。花の長さは約2cm、白色で先端は緑色を帯び少し開く。果実は約1cmで黒紫色に熟す。山地の林下に生える。

●花期　５〜６月
●分布　**中国地方全域**　北海道〜九州　朝鮮半島

2002.6.9　三次市君田町

【オオナルコユリ（大鳴子百合）】 *Polygonatum macranthum*

大きな大きなナルコユリ。本当に大きい。登山道で出会うと思わず「ワー」と声が出る。茎も太く、高さは80～130cm。少し斜めに立ち上がるが、途中から横に伸びる。葉は狭長楕円形～長楕円形、長さ15～25cm、片方に十数枚付く。花柄は葉腋から出て1～2に分かれ、その先に多くの花をぶら下げる。花は白色で、長さ2.5～3.5cm、上半分はやや細く、下は少し膨らむ。先端は緑色。果実は8～12mmで黒色に熟す。黒い実が一列に並んだ姿は見事。県内では北部の山地で出会う。

●花期　5～7月
●分布　**中国地方全域**　北海道～九州

2007.5.5　廿日市市吉和町

【ヒメナベワリ（姫鍋破）】 *Croomia japonica*

ナベワリは高さ30～60cm、それより小さい。「舐め割り」の転訛。有毒で舐めると舌が割れるという。高さ20～25cm。赤茶色の茎は太く、やや斜めに立つ。上部は曲がり、葉はそこから先に付く。葉は卵状楕円形で長さ4～5 cm、幅1.5～2.5cm、平行脈がはっきりしている。脈は裏に突出し、縁は少し波打ち、不規則な鋸歯がある。花は約1cm、葉柄の腋から花柄を下げて、その先にぶら下がって咲く。淡い若草色で4枚の花被片は反り返り、橙色の葯がかわいい。県内では、西部の標高700～1000mの山で見るが少ない。

●花期　5月

●分布　**中国地方全域**　四国　九州　奄美（大島　徳之島）

2008.4.27　庄原市口和町

【エヒメアヤメ（愛媛菖蒲、別名：タレユエソウ）】 *Iris rossii*

2007.4.30　白花（移植株）

名は愛媛県に産するアヤメの意味。別名タレユエソウは、誰故にこんな可憐な花を開くのかと賛美した古名。高さ5〜30cm。この仲間では一番小さいが、花は大きい。葉は長さ10〜20cm。花は青紫色、大きさは4cm、外花被片の基部には黄色と白色の斑紋がある。内花被片は小さく斜開する。ごくまれに白花もある。島嶼（とうしょ）部〜吉備高原面のアカマツ林に生えるが少ない。

●花期　４月

●分布　**岡・広・山**　四国　九州　朝鮮半島　中国

2010.5.4　府中市河佐町

【シャガ（射干）】 *Iris japonica*

シャガはヒオウギの漢名・射干を誤用したものだといわれている。高さ30～70cm、上部で枝分かれする。葉は常緑、扇状に広がり長さ30～60cm、幅2～3cm、厚く光沢がある。花は約4cm、外花被片は倒卵形で縁には細歯牙があり、中には黄橙色の斑紋と鶏冠状の突起があり、そのまわりに青紫色の斑点がある。内花被片は少し細く、先は浅く2裂し、その先は細かく裂ける。花は一日花だが次々と咲く。種子はできない。古い時代、中国から渡来して野生化したとする説がある。人家の近くや里山の麓で群生している。

●花期　4～5月
●分布　**中国地方全域**　本州　四国　九州　中国

2010.5.22　庄原市高野町

【ヒメシャガ（姫射干）】　*Iris gracilipes*

シャガより全体が小さく華奢でかわいらしい。葉や茎は細く、その先に花が少し重そうに傾いて咲いている。葉は柔らかく薄い。長さ15〜25cm、幅0.5〜1.5cmで淡緑色、冬には枯れる。花茎は高さ約30cm、少し傾き、上部で枝分かれする。花は大きさが4〜5cm、淡紫色で優しい感じがする。2〜3個の花を付ける。外花被片は倒卵形で中央が白く、紫色の脈と黄斑がある。先は少し不規則に浅く裂ける。内花被片は細く、先は浅く2裂する。庭で栽培されることもあるが、県内では中国山地北東部にきわめてまれに自生する。

●花期　５月
●分布　**鳥・島・岡・広**　北海道西南部〜四国　九州北部

2006.6.3 庄原市宮内町

【ニワゼキショウ（庭石菖）】 *Sisyrinchium atlanticum*

葉がセキショウに似ている。高さ10〜23cm。葉は線形、長さ4〜8cm、幅2〜3mmで茎の下に多く付く。縁にごく小さい鋸歯がある。花茎は細く扁平で狭い翼がある。花は約1.5cm。青紫色や白紫色で6枚の花被片は平開し、濃い色の条があり中心部は黄色。蒴果は球形で約3mm、熟すと下向きになり3裂して種子を散らす。同じような所に、ニワゼキショウより大きくて花が小さいオオニワゼキショウも生える。明治中期に渡来し、各地に広がっている。日当たりの良い人家近くや道端、公園などに生える。

●花期　５〜６月
●分布　**中国地方全域**　原産は北米東部

2008.6.22　山県郡北広島町

【マムシグサ（蝮草）】　*Arisaema japonicum*

茎の模様が蝮を想像させる。茎の高さ40～90cm。葉は2枚。1枚の葉は7～15枚の小葉からなり、小葉は楕円形。花のように見える筒の部分は、仏炎苞で長さ6～10cm、筒の上の三角形の部分は舷部。全体の大きさ、仏炎苞、葉は変化が多い。仏炎苞は普通、葉の上に出る。仏炎苞の中には、花びらもない簡単な構造の、小さな花がたくさん付いている。地中には蒟蒻(こんにゃく)のような芋があり、小さい時は雄株、大きくなると雌株になる。雌株は秋、真っ赤な果実を付ける。平地から山地まで県内全域で見る。

●花期　4～6月
●分布　**中国地方全域**　千島　北海道～九州　朝鮮半島　中国（東北）

2010.4.4　広島市佐伯区

【ヒガンマムシグサ（彼岸蝮草）】 *Arisaema undulatifolium*

この植物に出会うと本当に春を感じる。名前のとおり彼岸頃から咲き始める。この仲間では一番早い。葉よりも花のほうが先に出る。高さ30〜50cm、仏炎苞は6〜8cm、赤茶色に白色の条が多く、暖かさを感じる。筒部の上部の縁（口辺部）が耳のように少し張り出すものもある。花に遅れて２枚の葉が出る。１枚の葉は、７〜13枚の小葉からなる。小葉は楕円形で鳥足状に付く。葉の中央に白い条が入ることがある。花が終わり頃になると、雌花の花柄は長く伸びる。県内では西部の低山の麓で見ることが多い。

●花期　３〜４月
●分布　**広**　本州（関東　中部地方）　四国

2008.4.19　福山市山野町

【タカハシテンナンショウ（高梁天南星）】 *Arisaema undulatifolium ssp. nambae*

岡山県高梁市の臥牛山で発見された。マムシグサの仲間では早く咲くことや、葉より花が先に出るなど、ヒガンマムシグサに似ている。高さ30～60cm、仏炎苞は長さ6～8cm、口辺部はほとんど張り出さない。舷部は筒部より短く、先は反り返るものが多い。葉は2枚。1枚の葉には小葉が鳥足状に5～7枚付く。小葉は花時には狭い楕円形。成熟した株では、ヒガンマムシグサより全体が大きく、葉の幅も広い。茎も太くなり、力強さを感じる。県東北部の低山・林縁で見るが、ヒガンマムシグサほど多くはない。

●花期　３～５月
●分布　**岡・広**

2010.4.18　呉市蒲刈町

【ウラシマソウ（浦島草）】 *Arisaema urashima*

名前を聞いてこの植物を見るとうなずける。長く伸びているのは釣り糸のようだ。仏炎苞の中から伸び、その先が長さ60cmぐらいの細い紐状で跳ね上がって垂れる。高さ30～50cm。葉柄は40～50cm、長くて太いので茎のように見える。葉は1枚で11～17枚の小葉がある。小葉は長さ10～25cmでやや広めの針形。仏炎苞は長さ7～10cm、葉柄の基部から短い花柄を出して葉の下に咲く。舷部は広い三角形。ナンゴクウラシマソウより大きく、力強さを感じる。県内では島嶼（とうしょ）部から内陸の林縁などに点在するが少ない。

●花期　４～５月
●分布　**中国地方全域**　北海道（日高　渡島）　本州　四国　九州（佐賀県）

2002.5.12　三次市君田町

【ナンゴクウラシマソウ（南国浦島草）】 *Arisaema thunbergii*

ウラシマソウに似るが全体が小さい。高さ30〜40cm。葉は1枚で、13〜15枚の小葉が鳥足状に付く。小葉の長さ8〜25cm、細くて先は尖る。葉が細いこと、主脈が白い筋状になることで、ウラシマソウと区別できる。仏炎苞は長さ5〜8cm。口辺部は張り出し暗い紫色。舷部の先は細くやや長くなる。仏炎苞の中にある、付属体の下は膨れてしわがある。四国東部、岡山県あたりを境に、東はウラシマソウ、西はナンゴクウラシマソウとすみ分けている。県内では県北以外の低山地で見る。比較的多い。

●花期　３〜５月
●分布　**中国地方全域**　本州（奈良県以西）　四国

2007.4.29　廿日市市

【アオテンナンショウ（青天南星）】 *Arisaema tosaense*

全体が緑色で、すらっと伸びた姿はすがすがしい。高さ40～60cm。葉は2枚、この仲間を同定するには葉が1枚か、2枚かが大切なポイント。十分に成長していないと、1枚の葉で花が咲くこともある。1枚の葉は7～11枚の小葉からなり鳥足状に付く。小葉の長さは7～25cm。仏炎苞は5～8cm。舷部の先が次第に細くなり糸状になって、長さ30cmぐらいになるのが特徴。その舷部の下には、太い棒状で緑色の付属体がある。県西部の限られた1か所でしか見ることはできない。

●花期　５～６月
●分布　**広・山**　四国　九州

2009.6.6　東広島市

【マイヅルテンナンショウ（舞鶴天南星）】 *Arisaema heterophyllum*

花と葉を鶴が舞う姿に見立てた。すらっと真っ直ぐ、高く伸びたその姿は目立つ。高さは60～120cm。葉柄は4～14cmと短い。葉は1枚で13～19枚の小葉からなる。小葉は楕円形で先は尖り、縁は大きく波打つ。中央の小葉は小さく長さ6～20cm。花柄は長く、花は葉の上に出て咲く。舷部の先は急に細くなってやや伸びる。花序の上に付く付属体は25～40cm、S字状に曲がり跳ね上がる。雌雄同株または雄株のみ。同株の場合、花軸の上に雄花、下に雌花が付く。山地の草原に生えるが県内では少ない。

●花期　5～6月　●分布　**岡・広・山**　本州（岩手県以西に点在）　九州　朝鮮半島南部　中国　台湾

2007.5.5　廿日市市吉和町

【ヒロハテンナンショウ（広葉天南星）】 *Arisaema robustum*

どっしりとした力強さを感じるが、丈は低く高さ15～50cm。茎の同じところから花柄と葉柄が出る。花柄の出口には襟巻きのような波状の襞（ひだ）がある。葉柄は長く15～25cm。葉は1枚で、5～7枚の小葉を付ける。小葉は長さ6～20cm、幅は約10cmと広いのが特徴。花柄は5～8cmと短い。仏炎苞は８～13cmで、黄緑色に白い条が入る。口辺部は少し開出し、舷部は卵形で先は尖る。その下に黄緑色のこん棒状の付属体が見える。県内では北部の山地の林下に生えるが少ない。

●花期　５～６月　●分布　**鳥・岡・広・山**　北海道　本州（日本海側）　九州北部　朝鮮半島　サハリン南部

2009.5.5　廿日市市

【オモゴウテンナンショウ（面河天南星）】 *Arisaema iyoanum*

オモゴテンナンショウとも言う。愛媛県面河峡に産し、ソハヤキ要素の一つ。全体の姿が傾いている。高さ25〜50cm、茎の同じところから葉柄と花柄が出る。葉柄は7〜10cmで、やや斜めに出る。葉は1枚で、9〜15枚の小葉が鳥足状に付き、中央の小葉が長く5〜20cm、先は尖る。花は少し前に傾き、花柄は1〜5cmと短い。仏炎苞は11〜15cm、緑白色に細かい紫斑の条が入る。舷部は濁った緑色で長い楕円形、先は細くなりながら垂れ下がり、仏炎苞より長くなることもある。県西部の山地の湿った林床で見る。

●花期　5月
●分布　**広・山**　四国（高知・愛媛県）

2010.5.29　庄原市東城町

【ムサシアブミ（武蔵鐙）】　*Arisaema ringens*

2010.5.29　素心

仏炎苞の大きさは7〜10cm。大人の握り拳のように見える。この形が昔、武蔵の国で作られた、馬具の鐙に似ていることによる。名前に負けず、どっしりとした力強さが伝わってくる。高さ30〜45cm。葉は2枚、各葉の小葉は3枚で広い菱形、先は急に細く糸状になり、光沢がある。仏炎苞は袋状に巻き込み、口辺部は縁が強く巻いて耳状になる。島嶼（とうしょ）部から内陸の山野に点在するが少ない。

●花期　４〜５月

●分布　**中国地方全域**　本州（関東以西）　琉球　朝鮮半島南部　中国

2006.5.28 庄原市高野町

【ヒメザゼンソウ（姫座禅草）】 *Symplocarpus nipponicus*

花はどこにあるのかと探す。ザゼンソウよりずっと小さい。早春、花より先に葉が出る。葉は地面から出て、6～10cmの長い柄を持つ。葉身は長い楕円形、長さ12～20cmで先は尖り光沢がある。冬眠から覚めた熊が好んで食べるようで、茎だけが残っているのを見ることがある。株の中央から小さな仏炎苞が出てくる。その大きさは3～5cmで暗い紫色。頭巾のような形で、中央が尖る。その中に1～2cmの楕円形の花序があり、小さな花が付く。葉は7月頃には枯れる。県北部の湿った所に生える。

●花期　５～６月
●分布　**鳥・島・岡・広**　北海道　本州（日本海側）

2008.5.18　広島県西部

【クマガイソウ（熊谷草）】 *Cypripedium japonicum*

前に突き出た袋状の花を熊谷次郎直実の背負った母衣(ほろ)に見立てて名が付いた。花茎の高さ20～40cm。中央の2枚の葉は左右に大きく開き、径10～20cm、放射状に多くの脈があり、多数の縦ひだがある。バレリーナの衣装を思わせる。茎頂に下向きかげんに花が咲く。花の大きさ約10cm。萼片と側花弁は色も形も似ているが、側花弁の内側には紫色の斑点がある。唇弁は大きく袋状で、紅紫色の脈があり、中央には昆虫の出入りする穴がある。県内では深山でしか見ることができない。

●花期　４～５月
●分布　**中国地方全域**　北海道西南部～九州　朝鮮半島　中国

2005.5.15　庄原市

【キンラン（金蘭）】　*Cephalanthera falcata*

花の色から名が付いた。花茎の高さ30～70cm、稜条がある。葉はササの葉に似る。縁は大きく波打ち、長さ8～10cm、幅2～4cm、先は鋭く尖り、基部は茎を抱く。5～8枚が互生する。茎頂に約1cmの黄色い花が3～12個付き、半開する。萼片と側花弁はほぼ同形。唇弁は基部が筒状で、短い距になる。先は3裂し、中央裂片は広卵形で、内側に巻き、黄褐色の隆起線が数本ある。側裂片は小さく、蕊柱を抱く。県内では北部山地や、草原の日当たりの良い所で見る。

●花期　４～５月
●分布　**中国地方全域**　本州～九州　朝鮮半島　中国

2003.6.1　庄原市西城町

【ササバギンラン（笹葉銀蘭）】　*Cephalanthera longibracteata*

葉がササの葉に似て銀色の蘭（実際は白色）。花茎の高さ30〜50cm。葉は卵状披針形〜長楕円形、長さ7〜15cm、幅1.5〜3cm、下部のものが幅広く5〜7枚付き、基部は茎を抱き斜上に開く。花柄と同所から出ている細い葉のように見えるのは、苞葉で葉の変化したもの。下部の苞葉は花柄より長い。花の大きさ約1cm、苞葉の上に1個付き穂状になる。上向きに咲くが少ししか開かず、いつも蕾のように見える。一見真っ白に見えるが、唇弁には淡黄褐色の隆起線がある。県北部の山地樹林下に生える。

●花期　４〜５月

●分布　**中国地方全域**　北海道〜九州　朝鮮半島　中国（東北）

2006.5.18　三次市

【ギンラン（銀蘭）】　*Cephalanthera erecta*

2010.5.13　開花

花が黄色の金蘭に対し、白色であることによる。花茎の高さ10～25cm。葉は楕円形、長さ3～8cm、幅1～3cm、ササバギンランより小さく丸みがある。基部は茎を抱き3～5枚と数も少ない。縁は大きく波打つ。花の大きさは約1cm。横向きに咲き始め、半開きのまま終わる。唇弁中央には黄褐色の隆起線がある。苞葉はササバギンランよりずっと小さくて数mm。県北部の山地樹林下に生える。

- 花期　5～6月
- 分布　**中国地方全域**　本州～九州　朝鮮半島

2009.5.2 庄原市西城町

【ユウシュンラン（祐舜蘭）】 *Cephalanthera erecta var. subaphylla*

祐舜は人名。白色の小さなラン。腰をかがめて探す。花茎の高さ5～10cm。葉はほとんどが鞘状に退化しているが、ときに1～2cmの葉が付いていることもある。下部の花柄の基部に付いているのは苞葉で、花と同長か花より長い。下部の花は、1cmぐらいの花柄の先に1個付くが、茎頂では数個の花が、かたまって咲いているように見える。花の大きさ約1cm、上向きに咲く。唇弁の中央には黄褐色の隆起線が3本ある。のぞいて見ると口紅を付けているように見える。県北山地の林床や遊歩道沿いで見る。

●花期　５～６月
●分布　**中国地方全域**　北海道～九州

2007.4.15　神石郡

【ヒメフタバラン（姫二葉蘭）】 *Listera japonica*

小さなランで、2枚の葉から名が付いた。花茎の高さ5～20cm。小さくて慣れるまで腰をかがめて探すほど。2枚の葉は卵状三角形、長さ・幅とも1～2cm、茎の中央に対生に付き、水平に開く。縁は小さな波状。花の付かないものも多いが、葉だけでもかわいい。花は約1cm、暗紫色を帯びた緑色、2～6個の花がまばらに付く。側花弁は少し湾曲して萼片より細く、唇弁は長く突き出て深く2裂し、中央に汚黄色の丁字状の隆起部がある。山地の林床、木陰や少し湿った所に生える。

●花期　３～５月
●分布　**島・広**　本州（宮城・山形県以南）～琉球

2003.5.17　庄原市高門町

【シラン（紫蘭）】　*Bletilla striata*

紅紫色の大きな花のラン。四国の自生地では、紫色と白色の花が一緒に咲いていた。園芸植物として広く栽培され、人家の庭でもよく見かける。花茎の高さ25〜40cm、葉は披針形、長さ15〜30cm、幅2〜5cm、硬い革質。4〜5枚で茎を抱く。花は約3cm、やや大きく紅紫色。萼片と側花弁は狭長楕円形、長さ約3cm。唇弁はくさび状倒卵形で、先端は浅く3裂し、中裂片は円形、縁は波状。内には5個の隆起線がある。県内に自生はなく、逸出と思われるものを見ることがある。

●花期　４〜６月
●分布　**島・岡・広・山**　本州〜九州　朝鮮半島南部

2008.6.7　安芸高田市

【ヨウラクラン（瓔珞蘭）】　*Oberonia japonica*

木の幹や枝、岩などに着生する小さなランで、垂れ下がった花の様子を瓔珞（ようらく）（仏像の装飾品）に例えて名が付いた。茎は長さ1～4cm、束生して木や岩から下垂する。葉の長さ1～2cm、幅2～5mm、肉質でハの字型にピッタリと付いているように見える。茎頂に長さ3～8cmの細い花序を出し、淡褐色の小さな花をたくさん付け、垂れ下がる。花は約1mm、県内では渓谷沿いの樹木や神社の木などにも着生するが少ない。

2008.6.7　木に着生

●花期　４～５月
●分布　**鳥・島・広**　本州（宮城県以南）～琉球

1970年代からの盗掘で、エビネの群生地はまれになった（2008.5.11　広島県西部）

2004.5.5　世羅郡

【エビネ（海老根）】 *Calanthe discolor*

地下の偽球茎が連なる。その形が海老に似ていることから名が付いた。葉は2〜3枚、長さ15〜25cm。花茎の高さ20〜40cm、花は約2cm、5〜15個が総状に付く。萼片と側花弁は褐紫色。唇弁は淡紅色で深く3裂する。中央には隆起した3本の条がある。萼片と側花弁が淡緑色で、唇弁が白いものをヤブエビネという。花色は変化が多い。雑木林の林床に生える。

2008.5.11　ヤブエビネ

●花期　４〜５月
●分布　**中国地方全域**　北海道西南部　琉球　済州島

2007.5.16 広島県東部

【キエビネ（黄海老根、別名：オオエビネ）】 *Calanthe sieboldii*

黄色いエビネ。エビネよりも大きく見え、どっしりとしている。初めて見たとき、薄暗い林の中に、そこだけ陽が射し込んでいるかのようだった。花茎の高さ30〜50cm。葉は広卵状楕円形、長さ15〜25cm、幅は広く8〜12cm、先端は急に細くなり尖る。花は少し重そうに下を向き、大きく3〜4cmで10個ぐらい付く。背萼片より側萼片と側花弁はやや細い。唇弁は深く3裂し、側裂片は腎形、中裂片には縦に条があり縁は波状になる。先端は2裂しない。県内では山地の林床に生えるが少ない。

●花期　４〜５月

●分布　**中国地方全域**　本州（和歌山）　四国　九州　済州島

2009.5.5　広島県西部

【タカネ（高嶺）】　*Calanthe × bicolor*

キエビネとエビネの自然雑種。全体の姿、花や葉の大きさはキエビネに似ているが、花の形はエビネに似ている。花茎の高さ30～50cm、花は約3cm、10～15個付く。萼片と側花弁は橙色、唇弁の色は淡い。深く3裂し、側裂片は腎形。中裂片の先端は波状で3本の隆起した黄色の条がある。花色は個体によって違う。谷筋の林床に鮮やかに咲く。出会うことはほとんどない。

2009.5.11　花色はさまざま

●花期　４～５月
●分布　**広・山**

2010.5.16　廿日市市

【サルメンエビネ（猿面海老根）】　*Calanthe tricarinata*

唇弁が赤く、しわが寄っているのを猿の顔に見立てて名が付いた。花は、小さな人形が赤いスカートをはいて、ぶら下がっているようにも見える。葉は倒卵状楕円形で2〜4枚。長さ15〜25cm、幅6〜8cm、先は急に細くなって尖る。花茎の高さは30〜50cm、花は約2.5cm、総状に7〜15個付く。萼片と側花弁は淡緑色で、側花弁のほうが少し小さい。唇弁は紫褐色〜紅褐色で3裂し、中裂片は大きく、縁は縮れて中央に3条の鶏冠状の隆起がある。県内ではブナが生えるような所で見る。

●花期　５〜６月
●分布　**中国地方全域**　北海道〜九州　台湾　ヒマラヤ

1999.6.5 庄原市川北町

【サイハイラン（采配蘭）】 *Cremastra appendiculata*

花の付き方が軍陣を指揮する采配に見えることから名が付いた。葉は長楕円形、長さ15～30cmで1枚。横に伸びる。花がないときでも、サイハイランと分かる。花茎の高さ30～50cm。花の長さ約3cm、細い花が下向きに咲く。萼片と側花弁は 淡紫色、先端は尖る。唇弁は3裂し、側裂弁は小さく紅紫色。中裂片は樋状で先端は反り返る。花が白いものもある。県内では山地に広く分布する。

2009.5.30 白花

●花期　５～６月　　●分布　**中国地方全域**

南千島　北海道～九州　朝鮮半島南部　中国　台湾　南サハリン　ヒマラヤ

2005.5.22 庄原市東城町

【コケイラン（小蕙蘭）】 *Oreorchis patens*

ケイランは中国のランで、このランに似て小さいことから名が付いた。花の色は比較的地味だが、登山道沿いなどで咲いているのはかわいい。葉は2枚、披針形、長さ13～20cm、幅1～3cm。両端は尖り、花茎とは別に出る。花がないときは、カヤツリグサ科と間違える。花茎の高さ20～30cm、花は約2cm、多くの花を付ける。萼片と側花弁は黄褐色。唇弁は白色で3裂し、側裂片は小さい。中裂片は先端が広く外側に反り、紫色斑がある。山地の木陰や、やや湿った所に生える。

●花期　５～６月
●分布　**中国地方全域**　南千島　北海道～九州　中国　ウスリー　カムチャツカ

2005.4.16 庄原市木戸町

【シュンラン（春蘭）】 *Cymbidium goeringii*

春蘭の名は漢名に基づく。春を感じさせてくれる花。葉は根ぎわからたくさん出て線形、長さ20〜35cm、硬く縁はざらつく。茎は肉質で高さ10〜25cm、数枚の膜質鞘状葉に包まれている。花は約3cm、花頂に1個付く。萼片と側花弁は淡緑色。萼片は開き、側花弁は頭の上で両手を合わせているかのようだ。唇弁は白色で、紅紫色の斑点があり、表面には凹凸がある。先は3裂し、中裂片は大きく舌状で外曲する。枯れているのは昨年の果実。県内に広く生育し、特に乾いた山地で見る。

●花期　３〜４月
●分布　**中国地方全域**　北海道（奥利尻）〜九州　中国

2010.5.16　広島県西部

【イチヨウラン（一葉蘭）】　*Dactylostalix ringens*

初めてこの花に出会ったとき、思わず「誰に微笑んでいるの」と声をかけそうになった。葉が1枚なのでこの名が付いた。葉は卵形〜広卵形、長さ3〜6cm、幅2.5〜4cm、厚みがある。花茎の高さ10〜20cm、先端に2〜3cmの花1個を付ける。萼片と側花弁は細く淡緑色に紫色の斑点がある。唇弁は白色で大きい。浅く3裂し、中裂片は大きく縁は波状になる。側裂片は小さく、紫色斑が目のように見える。県西部の深山に生えるが出会うことは少ない。

●花期　５〜６月
●分布　**鳥・岡・広・山**　南千島　北海道〜九州

2007.5.4　三次市

【カヤラン（榧蘭）】 *Sarcochilus japonicus*

木の幹や枝に着生して下垂する。葉が針葉樹のカヤに似ているので、その名が付いた。茎の長さ3〜7cm、茎の下部や基部から多くの細長い気根（空気中に伸び出している根）を出す。葉は披針形、長さ約2cm、10〜20枚が付き、革質。基部は鞘となって茎をはさみ込む。葉腋から細い花柄を出し、約1cmの黄色い花を数個付ける。萼片は側花弁よりやや広い。唇弁は浅く3裂し、袋状になる。内面に紫褐色の斑紋がある。県内では川岸の樹木や寺・神社の境内の木にぶらさがっているのを見る。

●花期　４〜５月
●分布　**中国地方全域**　本州（岩手県以南）〜九州

2008.4.13　広島県北部

【モミラン（樅蘭）】　*Saccolabium toramanum*

着生ラン。初めて出会った時「あなたは誰に見てもらうの」と問い掛けてしまった。小さく、着生した苔の中で咲いていた。茎の長さは、樹幹を這って約7cm。気根は葉の間や茎の基部から出る。葉は小さく楕円形、長さ5〜10mm、幅2.5〜5mm、先端は鋭く針のように尖る。葉腋から出る花柄は短く、その先に数個の花がかたまって付く。花は約8mm。萼片と側花弁は、淡緑色に紅紫色の斑紋が入る。唇弁は白色、3裂。中裂片の中央には短毛があり、基部に花より大きい距がある。県北部、川岸の針葉樹に着生していた。

●花期　３〜４月
●分布　**広・山**　本州（福島県以南）　四国

撮影後記

いつまでも残したい"小さな自然"

2002年に約1年間かけて、県北の神之瀬峡（庄原市高野町～三次市君田町）とそこに咲く約400種の植物を撮影したとき、いくつかの図鑑を使っていたが、思うような本がなく花の名前が分かりにくい。それならば、素人の私が使いたいと思う図鑑を作ってみようと無謀な考えを持ち、このとき撮影したものに2、3年かけて付け加えれば広島県内にある草花は、ほぼ撮れるだろうと安易に考え、この企画に取り組みはじめた。

最初は800種類くらいの図鑑を作ればいいだろうと考えていた。あちこち赴き撮影したが、広島県の自然は思いのほか面白く多彩で、それに伴う植物も非常に多様性があることが分かってきた。資料にあたり、さまざまな方の意見を聞き1000種あればほぼ県内にある草花を網羅でき、皆さんの役に立つ本が作れるのではないかと思った（結局、それでも随分不足するのだが）。

ものを知らないとは怖いもので、植物のことを知れば知るほど、撮れば撮るほど、草花の奥深さを痛感することになる。未記録のものがたくさん出てくる、全く手の届かないところに咲く花、花期の極端に短いもの、個体数の非常に少ない花、ここ何年も開花しないものなど……。とんでもないことに取り組んでいることに気づいたが後の祭り、結局８年もかかってしまった。

当初、広島県南部や西部の情報が皆無で、何を撮りにいつ、どこへ行けばいいか分からず、また個々の草花にも情報のないものが多く、途方にくれた。幸い県内外の植物の事情をよくご存じの方々と巡り合い、４、５年分の撮影時の開花データもそろってきたので、外れなく撮れるようになった。また多くの方にご教示いただき、この本が出来上がった。心より感謝したい。草花に出会うということは、人と出会うことでもあった。

類似種の多いタツナミソウ属、ネコノメソウ属、セリ科、テンナンショウ属などは大きな図鑑にも解説文のみで画像が掲載されているものが少なく、かなり経験を積んだ方も花を間違える人が多いが、県内に生育するこれらのものはほぼ掲載することができたので活用していただけるものと思う。

本書では基本的に植物ごとに全体がわかる写真を１枚載せた。特徴的な部分を別カットで載せることも考えたが、その植物の特徴を的確に捉えた写真が1枚あれば、他種との差異がある程度分かるのでないか、どう撮影したらより分かりやすいのかを考慮して、この本のために写真を撮った。

初心者には、一見、色別の配列が分かりやすいように思うが、個体差が微妙かつ多彩で、見る時間、光線状態による変化も大きい。末永く使用し、系統的に理解し、似たものを判別するのは科・属ごとの配列が結局、最良の方法で、ある程度図鑑と植物を見慣れた人であればこれが一番使いやすいのではないか。初心者の方も時々、この図鑑を開いて写真だけでも眺めていただければ大雑把にその特徴がのみ込め、野に出たときに実物との絵合わせがしやすいと思う。そうした期待に応える写真は撮れた、と自負している。

そして監修の浜田展也氏と武内一恵氏に詳細で分かりやすい解説を書いていただいたので、より理解が深まり、識別しやすいものになった。

この撮影を通じて儚く美しいと思っていた野の花もよく見ればその色といい、形といい、なんと精妙な生物が自然の中に息づいていることか、と感心した。何百年も同じ場所にたたずむ樹木の持つ、あの神々しいまでの力強さにも惚れ惚れとするが、弱々しそうな一本の草花にも存在感と素朴さと気品、そしてそのものの持つ意思や力強さがある。それぞれが何千年、何万年にわたって命をつなぎ、この風土に咲き続けることに心打たれる。

残念ながら草花を取り巻く状況はあまりよくない。開発により、遷移により、そして心ない人々により姿を消していく花のなんと多いことか。本書の中にも「遺影」となってしまったものがいくつかある。多くの人に自然の中に咲く多くの花の素晴らしさに出会っていただきたいが、いくつかは本書の中だけでしかお目にかかることができないと思う。人の手で消滅させることは避けなければならない。だから申し訳ないが撮影地の問い合わせについては一切お答えできない。

あなたの足元、ごく身近な雑草と呼ばれる花にもそれぞれ名前があり、よく見ればなかなか良い顔をしている。自然の見方を少し変えると饒舌に語りかけてきたり、時には微笑んでくれたりすることもある。皆さんが野の花とのよりよい出会いができることを願っている。

2011年2月　　　　小池周司

主な参考文献

広島大学理学部附属宮島自然植物実験所・比婆科学教育振興会（共編）『広島県植物誌』（中国新聞社、1997）

広島県版レッドデータブック見直し検討会編『改定・広島県の絶滅のおそれのある野生生物・レッドデータブック広島-2003-』（広島県、2004）

比婆科学教育振興会編『広島県の山野草―春・初夏―夏・秋―』（中国新聞社、1994）

世羅徹哉・坪田博美・松井健一・濱田展也・吉野由紀夫共著『広島県植物誌補遺　広島市植物公園紀要　第28号』（広島市植物公園、2010）

畦上能力編・解説『山渓ハンディ図鑑　山に咲く花』（山と渓谷社、1996）

林弥栄監修『山渓ハンディ図鑑　野に咲く花』（山と渓谷社、1989）

いがりまさし写真・解説『山渓ハンディ図鑑　増補改訂・日本のスミレ』（山と渓谷社、2004）

矢原徹一監修・永田芳男写真『ヤマケイ情報箱　絶滅危惧植物図鑑―レッドデータプランツー』（山と渓谷社、2003）

角野康郎著『日本水草図鑑』（文一総合出版、1994）

佐竹義輔他編『日本の野生植物Ⅰ・Ⅱ・Ⅲ』（平凡社、1982）

浜栄助著『増補日本のスミレ』（誠文堂新光社、1975）

北村四郎・村田源外著『改訂版　原色日本植物図鑑　草本編＜Ⅰ・Ⅱ・Ⅲ＞』（保育社、1987）

長田武正著『野草図鑑1～8』（保育社、1984～5）

牧野富太郎著『牧野新日本植物図鑑』（北隆館、1961）

大井次三郎著・北川政夫改訂『新日本植物誌　顕花篇＜改訂版＞』（至文堂、1992）

清水矩宏・森田弘彦・廣田伸七編・著『日本帰化植物写真図鑑―Plantinvader600種―』（全国農村教育協会、2008改訂）

永田芳夫著『新装版　山渓フィールドブックス春の野草・夏の野草・秋の野草』（山と渓谷社、2006）

大場秀章編著『植物分類表SyllabusoftheVascularPlantsofJapan』（アボック社、2010改訂）

中原清士監修『岡山の野の花-春-夏・秋-』（山陽新聞社、1982～3）

初島住彦監修『色で見分ける九州の野の花　春・夏・秋』（西日本新聞社、1994）

桐谷圭治編『田んぼの生きもの全種リスト』（農と自然の研究所、生物多様性農業支援センター、2010）

浜島繁隆・須賀瑛文著『ため池と水田の生き物図鑑　植物編』（トンボ出版、2005）

『比婆科学journal of the Hiba Society of Natural History～236』（比婆科学教育振興会、～2010刊行中）

「帝釈峡の自然」刊行会編『帝釈峡の自然』（帝釈の自然刊行会、1988）

広島県東城町植物誌編纂委員会編著『広島県東城町植物誌』（比婆科学教育振興会、2004）

太刀掛優・中村慎吾編著『改訂増補・帰化植物便覧』（比婆科学教育振興会、2007）

中村慎吾・小川光昭著『ひろしま県北の草花＜春・初夏・夏・秋＞』（シンセイアート出版部、1994,1995）

渡辺泰邦著『広島県の植物方言と民俗』（シンセイアート出版部、2001）

中村慎吾著『里山学入門』（花を華にする会、2002）

山脇和之著『古里の花に会う』（シンセイアート、2007）

世羅台地の自然編集委員会編『世羅台地の自然―生物編、地学編、自然観察編―』（世羅台地の自然発刊連絡会、2001）

鷹村灌著『広島の地質をめぐって増補版』（築地書館、1989）

土井美夫著『広島県植物目録』（博新館、1983）

三上幸三著『植物に寄生して50年』（博新館、2002）

高田眞一編『資源野生植物図説―成羽とその周辺地域―』（成羽町資源植物保存会、2004）

岡国夫・勝本謙・見明長門・三宅貞敏・真崎博共編著『山口県産高等植物目録』（山口県植物研究会、2000）

岡山県編著『岡山県野生生物目録2009-維管束植物』（岡山県、2009）

杦村喜則著『島根県の種子植物相』（島根県立三瓶自然館研究報告、2005）、同補遺（2006）

坂田成考編著『鳥取県植物リスト』（私家版、2010）

門田裕一「日本産カラマツソウ属（キンポウゲ科）の一新種,タイシャクカラマツ『植物研究雑誌』第80巻　第6号」（2005）

門田裕一「アジア産トウヒレン属（キク科）の分類学的研究Ⅰ,広島県帝釈台産のⅠ新種,タイシャクトウヒレン『植物研究雑誌』第82巻　第5号」（2007）

門田裕一「広島県産ルリソウ属（ムラサキ科）の新種、アキノハイルリソウ『植物研究雑誌』第84巻　第6号」（2008）

門田裕一「日本産アザミ属（キク科）の分類学的研究　第ＸＸⅠ報.本州産の四新種、ゲイホクアザミ　国立科学博物館研究報告B類（植物学）35巻4号」（2009）

岡山県生活環境部自然環境課他編『岡山県版レッドデータブック2003』（岡山県環境保全事業団、2003）

島根県環境生活部景観自然課編『改訂しまねレッドデータブック2004-島根県の絶滅のおそれのある野生動植物』（ホシザキグリーン財団、2004）

鳥取県自然環境調査研究会編『2002レッドデータブックとっとり-鳥取県の絶滅のおそれのある野生動植物(植物編)』（鳥取県生活環境部環境政策課、2002）

山口県野生生物保全対策検討委員会『レッドデータブックやまぐち　山口県の絶滅のおそれのある野生生物』（山口県環境生活部自然保護課、2002）

鳥取県立博物館資料データベース（ホームページ）

索引

※細字は別名を示す。

マ

ミ

ム

メ

モ

ヤ

ユ

ヨ

ラ

リ

ル

レ

ワ

●著者紹介

小池周司（こいけ・しゅうじ）

1959年庄原市生まれ。日本大学芸術学部写真学科卒業。牧直視氏に師事。（有）小池書店勤務。

浜田展也（はまだ・のぶや）

1962年生まれ。広島県東広島市出身。尾道東高等学校教諭。島根大学理学部生物学科卒業。広島県北東部を中心に植物相や植生を調べている。広島県野生生物保護推進員、広島県RDB見直し検討委員。著書に『広島県植物誌』『東城町植物誌』（いずれも共著）などがある。

武内一恵（たけうち・かずえ）

広島県森林インストラクター。

●撮影協力者一覧　（敬称略・五十音順）

伊勢村正治　伊藤之敏　栄田恒　榎木成司　故小川光昭　片倉端吾　門田裕一　窪田正彦　倉岡侃　桑田健吾　桑田武子　小池ゆかり　酒井優　進藤真基　須沢裕海　世羅徹哉　高尾要　高杉茂雄　武内一恵　竹下彰　立河秀作　戸田國雄　中市俊篤　中村慎吾　中山忠明　西岡秀樹　浜田展也　東谷欣一　前田雅則　森信覚美　森信廣子　山下博　故山脇和之　横山忠行　吉野由紀夫　若木小夜子　渡辺健三　道後山高原クロカンパーク　ひろしま県民の森

ほか多くの方のご協力をいただきました。お礼を申し上げます。

装幀／坂井智明（ブランシック）

本文デザイン／平田宗典（デザイン工房桜）　anko

植物図解／伊藤之敏

DTP／角屋克博（K-PLAX）

編集／小沢康甫　橋口環

広島の山野草 春編

2011年3月3日　初版第1刷発行

著　者　小池周司　浜田展也　武内一恵

発行者　西元俊典

発行所　有限会社　南々社

広島市東区山根町27・2　〒732・0048

電　話　082・261・8243

F A X　082・261・8647

振　替　01330・0・62498

＊定価はカバーに表示してあります。

印刷製本所　株式会社インパルスコーポレーション

ISBN978-4-931524-83-5